Isabelle M. Mansuy, Jean-Michel Gurret, Alix Lefief-Delcourt
Wir können unsere Gene steuern!

PIPER

Zu diesem Buch

Das Genom ist kein unabwendbares Schicksal. Die Epigenetik stößt diese etablierte Überzeugung um und ermöglicht ein besseres Verständnis davon, welche konkreten
Auswirkungen unsere Umwelt und unser individuelles
wie kollektives Verhalten auf unsere Gesundheit haben.
Warum wird ein eineiiger Zwilling gewalttätig oder
bekommt Diabetes, der andere aber nicht? Wieso sind
bestimmte Krankheiten von dem Milieu abhängig, in dem
wir leben? Die Epigenetik erlaubt eine genauere Bestimmung der Ursachen von so unterschiedlichen Erkrankungen wie Depression und Krebs. Isabelle M. Mansuy führt
ein in eine Wissenschaft der Zukunft, die unser Verständnis der Lebewesen, ihrer Entwicklung, ihrer Alterung und
ihrer Krankheiten revolutionieren wird.

Isabelle M. Mansuy ist Professorin für Neuroepigene-
tik an der Universität Zürich und der Eidgenössischen
Technischen Hochschule (ETH), Co-Direktorin des Hirn-
forschungsinstituts der Universität Zürich und stellver-
tretende Leiterin des Instituts für Neurowissenschaften
an der ETH.
Jean-Michel Gurret ist Psychotherapeut in Paris und
Gründer des „Institut français de psychothérapie émoti-
onelle et cognitive" und lehrt an Universitäten und Kli-
niken. Er ist Autor mehrerer erfolgreicher Bücher über
Methoden der Psychotherapie.
Alix Lefief-Delcourt ist Journalistin und Autorin mehrerer Bestseller über gesunde Ernährung und Naturheilver-
fahren.

Isabelle M. Mansuy
Jean-Michel Gurret, Alix Lefief-Delcourt

WIR KÖNNEN UNSERE GENE STEUERN!

Die Chancen der Epigenetik
für ein gesundes und glückliches Leben

Aus dem Französischen von Martin Zwilling

PIPER

Ungekürzte Taschenbuchausgabe
ISBN 978-3-492-31876-1
1 Auflage August 2022
2. Auflage September 2023
©Larousse 2019
Die Originalausgabe erschien 2019 unter dem Titel „Reprenez le contrôle de vos gènes. Améliorez votre vie et celle de vos descendants avec l'épigénétique" in Paris
© Berlin Verlag in der Piper Verlag GmbH, Berlin/München 2020
Für die deutsche Ausgabe wurde der Text umfänglich überarbeitet und um zahlreiche Passagen sowie ein Vorwort ergänzt.
Umschlaggestaltung: zero-media.net, München
Umschlagmotiv: FinePic®, München
Satz: Uhl + Massopust, Aalen
Gesetzt aus der Sabon
Litho: Lorenz & Zeller, Inning am Ammersee
Gedruckt von ScandBook in Litauen
Printed in the EU

» Lange Zeit hat man geglaubt, dass wir Genautomaten seien, dass die Gene unser Leben kontrollierten, dass wir ihre Opfer seien... Die Epigenetik ist die Wissenschaft, die zeigt, dass die Gene sich nicht selbst kontrollieren, sondern durch die Umwelt gesteuert werden.«

Bruce Lipton, Zellbiologe,
Autor von *Intelligente Zellen*

Inhalt

Vorwort

Vom Beginn seines Lebens an wird der Mensch von seiner Umwelt geprägt. Sein Körper wie sein Geist werden durch seine Interaktionen mit der Natur, seinem Lebensumfeld und seinen Mitmenschen verändert und geformt. Die Erfahrungen, die ein Mensch während seines Lebens macht, sind für ihn unentbehrlich und ein wertvolles Rüstzeug, das ihm zu einer Identität und zu Wissen verhilft und es ihm ermöglicht, sich anzupassen und sich zu entwickeln. Doch nicht alle Erfahrungen, die wir im Leben machen, sind positiv und eine Bereicherung. Nicht alle sind geeignet, an ihnen festzuhalten. Eine ausreichende Ernährung ist zum Beispiel gut für den Körper, ein unnötiges Übermaß kann hingegen auf lange Sicht schädlich wirken. Tiefe emotionale und soziale Bindungen sind für die psychische Gesundheit und das Wohlbefinden unentbehrlich, doch sie können zu Stress, Abhängigkeiten und sogar Traumatisierungen führen, wenn sie unausgeglichen sind und missbraucht werden.

Ob positiv oder negativ, unsere prägenden Lebenserfahrungen können sich in unserem Körper und unserem Geist festsetzen. Aber darüber hinaus können sie sich auf unsere Kinder und sogar unsere Enkel auswirken. Nicht allein durch Worte, durch Lernen oder durch kulturelle Übertragung, sondern durch Biologie: durch das biologische Erbe, das wir in unseren Keimzellen übertragen. Der Gedanke erscheint merkwürdig, übertrieben, absurd. Er steht im Gegensatz zur klassischen Vorstellung, dass allein das Angeborene, die Familieneigenschaften, übertragen werden können. Dass wir Großvaters blaue Augen oder sein gutes Erinnerungsvermögen erben, erscheint natürlich, weniger aber, dass wir seine Labilität erben, die seiner unglücklichen Kindheit geschuldet ist.

Nichtsdestotrotz wissen wir seit Langem, dass auch erworbene Eigenschaften vererbt werden, beim Menschen, aber auch bei den Tieren und Pflanzen. De Lamarck, Darwin und andere Gelehrte hatten es beschrieben, und vor ihnen die Bibel. Ein Rätsel blieb jedoch, auf welche Weise dies möglich ist, wie sich Lebenserfahrungen in unsere Zellen einprägen und schließlich weitergegeben werden können. Die Biologie der erworbenen Eigenschaften zu begreifen ist damit eine absolute Notwendigkeit, um zu verstehen, wer wir sind.

Doch im Gegensatz zu den Mechanismen der Übertragung angeborener Eigenschaften, die relativ gut verstanden sind und in den Bereich der Genetik fallen, wissen wir weniger darüber, wie erworbene Eigenschaften weitergegeben werden. Mein Züricher Forschungsteam interessiert sich seit zwanzig Jahren für diese Frage und erforscht sie aus einem epigenetischen Blickwinkel. In anderen Worten: Mein Team untersucht die biologischen Mechanismen, die es den Zellen und dem Organismus ermöglichen, ihre Merkmale auf dauerhafte Weise den Umweltbedingungen entsprechend zu verändern, indem sie die erworbenen Eigenschaften modifizieren, ohne die angeborenen zu verändern. Dieser Ansatz stellt die klassische Sichtweise der Genetik infrage, der zufolge wir allein durch unsere Gene bestimmt werden. In Wirklichkeit beinhaltet der biologische Personalausweis eines Lebewesens nicht nur das Genom, sondern umfasst auch das Epigenom, das genauso unentbehrlich ist. Nach der Entdeckung der Gene Anfang des 20. Jahrhunderts und der DNA in den 1950er-Jahren wurde das Epigenom lange vernachlässigt. Doch die rein genetische Betrachtungsweise dieser Jahrzehnte wurde erschüttert, als die Sequenzierung des menschlichen Genoms Anfang der 2000er-Jahre zu der unerwarteten Feststellung führte, dass der DNA-Code nicht alles ist. Dieser Code bildet nur den »rohen« Teil der Information, wie die Buchstaben eines Buches ohne Leser, und bedarf des Epigenoms, um gelesen, interpretiert und verstanden zu werden.

Seitdem haben sich Forscher an die Arbeit gemacht, den epigenetischen Code zu entschlüsseln. Ganz wie im Falle des Genoms entwickelten zahlreiche amerikanische und europäische Forschungslabore Analysemethoden, mussten aber eine zusätzliche Hürde nehmen: Das Epigenom ist weitaus komplexer als das Genom.

Während die DNA eine einfache Aneinanderreihung von vier Basenpaaren ist, die eine Doppelhelix bilden, besteht das Epigenom aus einer Vielzahl von Faktoren und Markern auf der DNA und um die DNA herum, die sich zu einem komplexen Code zusammenfügen. Dieser unterscheidet sich je nach Zelle entsprechend ihrem physiologischen Zustand, ihrer Aktivität und ihres Alters. Kurz, es handelt sich um ein ungeheures unbekanntes Universum.

Die Erforschung des Epigenoms begann mit der Geburt des Gebiets der Epigenetik in den 1940er-Jahren, das seinen wirklichen Aufschwung aber erst in den 2000er-Jahren erlebte. Die Epigenetik hat seither enorme neue Erkenntnisse geschaffen und zahlreiche andere Gebiete der Lebenswissenschaften beeinflusst und verändert, wie die Zell- und die Molekularbiologie, die Biochemie, aber auch die Bioinformatik. Ihre Anwendungen sind zahllos und haben bereits zu beträchtlichen Fortschritten für das Verständnis der Biologie geführt. Vor allem ermöglichen sie es, dass wir bestimmte Krankheiten besser zu verstehen beginnen und therapeutische Ansätze verbessern können, zum Beispiel in der Krebsmedizin, der Immunologie, der Kardiologie und jüngst auch in der Psychiatrie. Die Epigenetik hat auch große Auswirkungen auf die Psychologie, die Soziologie, die Umweltwissenschaften und die Ethik, denn sie verändert unsere Denkweise in Bezug auf unseren Lebensstil, das Gewicht der Vergangenheit und unseren prägenden Einfluss auf unsere Nachkommen.

Um zu verstehen, wie das Epigenom durch unsere Lebenserfahrungen modifiziert wird und wie es unseren Körper und unser Gehirn sowie Körper und Gehirn zukünftiger Generationen beeinflusst, stützen wir uns auf einen empirischen Ansatz, der auf Experimenten mit Labormäusen beruht. Wir arbeiten mit ihnen, weil sie sich besonders gut als Modellorganismen eignen, um unter kontrollierten und quantifizierbaren Bedingungen zu arbeiten und zu Resultaten zu gelangen, die so weit wie überhaupt möglich auf den Menschen übertragbar sind. Wir setzen sie Bedingungen aus, die menschliche Lebenssituationen reproduzieren, wie zum Beispiel Traumatisierungen in der Kindheit, um die Konsequenzen für das Verhalten sowie das Funktionieren der Organe und der Zellen bei ihren Nachkommen zu bestimmen. Unsere Versuchstiere ermöglichen uns beträchtliche Fortschritte, die ohne sie undenkbar wären. Wir respektieren unsere Tiere, mögen sie gern und arbeiten mit ihnen unter äußerst sorgsamer Beachtung ethischer Regeln.

Die Epigenetik ist eine Wissenschaft der Zukunft, die unser Verständnis der Lebewesen, ihrer Entwicklung, ihres Funktionierens, ihrer Alterung und ihrer Krankheiten revolutionieren wird. Sie muss dringend zu einem integralen Bestandteil des Bildes werden, das wir uns vom Menschen und seinen Interaktionen mit seinem Umfeld und der Umwelt machen. Es bedarf eines radikalen Wandels in der medizinischen und sozialen Bildung, um vom genetischen Determinismus wegzukommen und endlich den äußeren Faktoren und ihren Konsequenzen auf den Organismus heute, morgen und in der Zukunft Rechnung zu tragen. Junkfood, Traumatisierungen, endokrine Disruptoren, also hormonaktive Substanzen, wie sie unter anderem in Pestiziden vorkommen – all dies sind Faktoren, die Spuren in unserem biologischen Erbe hinterlassen, die manchmal unauslöschlich sind. Können wir ihnen vorbeugen? Ihre schädlichen Auswirkungen korrigieren? Sind wir unabänderlich durch die Erlebnisse unserer Vorfahren bestimmt? Lässt sich das Epigenom manipulieren? So viele Fragen, die beunruhigen können und einer dringenden Antwort bedürfen.

Der derzeitige Wissensstand gibt bereits einige Hinweise: Das Epigenom ist dynamisch und reversibel, es kann also durch die Lebensweise, die Ernährung, körperliche Betätigung und Ansätze wie die Psychotherapie modifiziert werden. Wir wissen hingegen noch nicht, in welchem Umfang und in welcher Geschwindigkeit das möglich ist und welche Resultate sich im Einzelnen bei der Behandlung von Erkrankungen erzielen lassen. Groß angelegte Kohortenstudien – zum Beispiel mit Nachkommen der Opfer von Hungersnöten, familiären Traumatisierungen oder Kriegen – sind unentbehrlich, aus praktischen, geografischen, moralischen und finanziellen Gründen jedoch schwer umzusetzen. Solche Studien zum Menschen müssen zudem durch parallele Analysen mit Labortieren begleitet werden, um die beteiligten Mechanismen zu untersuchen, was ebenfalls einen immensen Aufwand und enorme Mittel erfordert.

Doch gibt dies große Hoffnung, dass es in naher Zukunft möglich sein wird, den Zustand des Epigenoms bestimmen zu können, dessen Dysfunktionen zu identifizieren und in Verbindung zu Krankheiten zu bringen, denen sich dann vielleicht vorbeugen ließe oder die geheilt werden könnten. Ohne Zweifel eröffnet dies neue Gedanken- und Betätigungsfelder für die Medizin und die Sozialwissenschaften und erfordert wegweisende politische Entscheidungen, um unsere Verantwortung gegenüber zukünftigen Generationen voll und ganz wahrzunehmen.

Isabelle M. Mansuy, im Februar 2020

Einleitung: Wir sind mehr als unsere Gene!

Jeder von uns besitzt individuelle Eigenschaften, die er oder sie aufgrund der einerseits von der Mutter, andererseits vom Vater geerbten Gene hat und die bestimmen, wer wir sind. Zwischen Eltern und Kindern gibt es deswegen manchmal frappierende Ähnlichkeiten: Eine Mutter und ihr Kind können die gleichen Augen haben, die gleiche Nase, das gleiche Lächeln, ja sogar die gleiche Gestalt und Größe. Was aber macht ein Individuum aus? Was bestimmt, ob es blaue Augen oder braune Haare haben wird? Was entscheidet, ob es eher groß oder klein, schlank oder beleibt sein wird? Ob stressanfällig oder völlig entspannt? Ob krankheitsempfindlich oder von unverwüstlicher Gesundheit? Sein Genom natürlich, sein genetischer Personalausweis sozusagen.

Dies ist aber noch nicht die ganze Wahrheit. Der genetische Code allein erklärt weder unsere körperlichen Eigenschaften noch unsere Charakterzüge. Warum?

Weil wir in Wirklichkeit viel mehr sind als nur unser genetischer Code. Wir sind auch unser »epigenetischer« Code.

Anders als man lange Zeit glaubte, sind es nicht allein die Gene, die unsere Eigenschaften bestimmen: Auch die epigenetischen Faktoren fallen ins Gewicht. Tatsächlich ist jeder von uns stark von dem beeinflusst, was uns umgibt, unserer »Umwelt«, also den Erfahrungen, die wir machen, der Nahrung, die wir aufnehmen, der Luft, die wir atmen, den Gefühlen, die wir empfinden. Die Gesamtheit dieser Umweltfaktoren – das »Exposom«, wie man sagt – hat eine wesentliche Auswirkung auf unser Verhalten, unsere Körperfunktionen, unsere Krankheitsanfälligkeit, ja sogar darauf, wie lange wir leben. Wir sind zwar unsere Gene, aber wir sind auch das Ergebnis der Einflüsse unserer Umwelt. Und hier kommen die epigenetischen Faktoren ins Spiel, die unser Genom modellieren.

Dies ist der Grund, warum eineiige Zwillinge – die aus ein und derselben Eizelle hervorgegangen sind und deshalb genau die gleichen Gene, das gleiche Genom haben – sich körperlich, charakterlich und in ihrem Gefühlsleben unterscheiden können; sodass zum Beispiel der eine Zwilling von normaler Statur, der andere übergewichtig sein kann; der eine von völlig ausgeglichenem Charakter, während der andere eine Depression oder Schizophrenie entwickelt; der eine ein begnadeter Redner sein mag, während sein Zwilling vor Publikum kein Wort herausbringt... Was erklärt den Unterschied zwischen diesen zwei Personen, die doch genetisch betrachtet alles mit sich bringen, um einander völlig zu gleichen?

Es ist die Umwelt, in der sie aufwachsen und in die sie eintauchen. Sie sind verschieden, weil es – selbst wenn sie einander sehr nah sind – schwer möglich ist, dass jeder Zwilling exakt die gleichen Dinge im selben Moment tut, die gleichen Beziehungen zu anderen aufbaut, dieselben Erfahrungen macht und die gleichen Gefühle empfindet. Ebendies sind die Faktoren, die ihre Verschiedenheit in physiologischer Hinsicht, in ihrem Verhalten und auch in ihren sozialen Beziehungen erklären.

Doch der Einfluss der Umwelt hört hier nicht auf. Er lässt sich weiter zurückverfolgen, was uns zu der Erkenntnis führt, dass wir auch das Ergebnis der Umwelt unserer Vorfahren sind. Die Umweltfaktoren können nicht nur Einfluss auf unseren eigenen Organismus haben, sondern mit einiger Wahrscheinlichkeit auch auf die Organismen unserer Nachkommen. Dieser Einfluss wirkt sich nicht direkt auf das Genom selbst aus, sondern über den Umweg der epigenetischen Faktoren, die – ganz wie unsere Gene – auf unsere Kinder übertragen werden. Im Klartext: Was Ihr Vater oder sogar Ihr Großvater gegessen hat, kann eine Auswirkung auf Ihren heutigen Gesundheitszustand haben. Ganz wie die Giftstoffe, denen Ihre Mutter ausgesetzt war, oder auch die Traumata, die Ihre Großeltern durchlebten.

Soll das heißen, wir können daran nichts ändern? Nein, ganz im Gegenteil! Wenn wir nicht komplett durch unsere Gene bestimmt sind, heißt das, dass es einen Teil von uns gibt, der sich modifizieren und korrigieren lässt. Im Gegensatz zum Gencode, der unveränderlich und nicht manipulierbar ist, ist das Epigenom in der Tat dynamisch, wandelbar und korrigierbar. Wenn wir uns darüber im Klaren sind, können wir unser Verhalten und unsere Umwelt bewusst so gestalten, dass von ihnen positive Wirkungen auf das Epigenom ausgehen. Wir müssen nur die Entscheidung dazu treffen.

Das Genom ist kein unabwendbares Schicksal, und das ist eine wunderbare Nachricht. Die Epigenetik stößt diese bislang gut etablierte Überzeugung um, eröffnet faszinierende Möglichkeiten und gibt neuen Hoffnungen Nahrung. Noch aufregender ist die Aussicht, dass sie Antworten auf zahlreiche Rätsel geben könnte, welche die klassische Genetik aus dem Konzept bringen: Warum wird ein eineiiger Zwilling gewalttätig oder bekommt Diabetes, der andere aber nicht? Wieso sind bestimmte Krankheiten wie etwa Depression von dem Milieu abhängig, in dem wir leben? Warum leiden die Kinder von Eltern, die misshandelt wurden oder durch Krieg oder Naturkatastrophen traumatisiert wurden, häufiger unter psychischen Problemen als andere?

Die Epigenetik ermöglicht ein besseres Verständnis davon, welche konkreten Auswirkungen unsere Umwelt und unser individuelles wie kollektives Verhalten auf unsere Gesundheit haben; eine genauere Bestimmung der Ursachen von so unterschiedlichen Erkrankungen wie psychischen Problemen und

Krebs. Insbesondere wird die Epigenetik zur Entwicklung einer Präventivmedizin führen sowie besser abgestimmter und wirksamerer Therapien, die uns schon in naher Zukunft zur Verfügung stehen werden.

ERSTER TEIL Das Genom ist kein unabwendbares Schicksal

Eine sehr lange Zeit waren die Wissenschaftler der festen Überzeugung, dass allein die DNA unser biologisches Schicksal entscheide, dass wir einfach das Ergebnis eines starren, unverändert von einer Generation zur nächsten weitergegebenen genetischen Codes seien, der kaum von äußeren Gegebenheiten oder Lebensereignissen beeinflusst werde. Diese Sichtweise entspricht einem genetischen Determinismus, dem zufolge alles in unseren Genen steckt. Aber die Fortschritte der Forschung der vergangenen Jahrzehnte zeigen eindeutig, dass das genetische Material weitaus komplexer ist als der bloße Gencode und es deutlich mehr Informationen umfasst als jene, die in den Genen festgeschrieben sind. Dies beschreibt den Unterschied, der zwischen der Genetik (dem genetischen Code) und der Epigenetik besteht (dem, was es darüber hinaus gibt, *epi* bedeutet »darüber«, »darauf«). Diese Einsicht erweiterte das Gebiet der Biologie und lieferte einen neuen konzeptionellen Rahmen, der das zentrale Dogma der Genetik infrage stellte, das mehr als ein Jahrhundert vorgeherrscht hatte.

Wie lässt sich etwa erklären, dass alle Zellen dieselbe genetische Information tragen, denselben Code, es aber Hunderte unterschiedlicher Zelltypen gibt, mit jeweils eigenen Merkmalen und eigenen Funktionen? Eine Hautzelle, eine Darmzelle oder eine Nervenzelle enthalten alle dieselbe DNA. Wie gelingt es ihnen also, sich zu differenzieren und aus sich heraus jene Proteine zu bilden, die für ihre jeweilige Funktion erforderlich sind?

Die britische Genetikerin Denise Barlow (1950–2017) fasste dies in die Worte: »Die Epigenetik ist die Gesamtheit der bizarren und wundersamen Dinge, welche die Genetik nicht zu erklären vermag.« Alice Bomboy und Edith Heard schrieben: »Intuitiv erscheint es offensichtlich, dass es einen Datensatz gibt, der zu der von den Genen gelieferten Information hinzutritt: Er erlaubt die Diversifikation der genetischen Möglichkeiten innerhalb der unterschiedlichen Zelltypen und wird auf stabile Weise über die Zellgenerationen hinweg übertragen, um Organe und funktionelles Gewebe während ihrer Entwicklung zu steuern.«[1] Dieser hinzutretende Datensatz ist die Epigenetik. Die Organismen sind nicht allein durch ihre DNA codiert, sie sind auch dadurch geprägt, auf welche Weise die DNA zum Einsatz kommt, wie sie gelesen und exprimiert wird. Die Regulation der Genexpression ist der Schlüsselmechanismus, der uns verstehen lässt, was Epigenetik ist.

Und das Verständnis der Epigenetik ist ein unabding-
barer Schritt, um Antworten auf die wesentlichen Fragen zu unserer Herkunft und zur Vererbung erworbener Eigenschaften geben zu können.

Die Epigenetik: Ein Genom, vielfältige Möglichkeiten

Die klassische Vorstellung von der biologischen Übertragung von Eigenschaften eines Elternteils auf seine Nachkommen bezieht sich auf die genetischen Faktoren. Nach diesem Konzept ist jeder Mensch das Ergebnis seines Genmaterials. Er ist einfach das Resultat Proteine codierender Sequenzen. Dieser Code trägt eine unveränderliche Information, die sich in dieser Form von Generation zu Generation weitervererbt. Das genetische Material allein bestimmt also, wer wir sind, unabhängig von unserer Lebensweise oder der unserer Vorfahren. Doch zahlreiche ältere und jüngere Studien stellen dieses zentrale Dogma der Genetik infrage.

Inzwischen ist es eine wissenschaftlich anerkannte Tatsache, dass die nicht genetischen Faktoren – also die durch die Umwelt veränderlichen Faktoren, welche die Genaktivität steuern, ohne die DNA-Sequenz zu verändern – mitbestimmen, wer wir sind. Bereits in der pränatalen Phase und während des gesamten Lebens wird die Genexpression im weiteren Sinne von der Umwelt beeinflusst. Dieser unablässige Einfluss hat Auswirkungen auf die Entwicklung und das Verhalten des Individuums.

Entgegen der überkommenen Vorstellung bilden das Genom und das Epigenom keinen Gegensatz, sondern stehen in ständiger und vitaler Interdependenz zuein- ander, wie für den Musiker die Partitur und die Inter- pretation. Das eine funktioniert nicht ohne das andere, und beides ist gleichermaßen fundamental. Ohne diese Komplementarität gibt es kein Lebewesen und keine Musik. Die ständigen Interaktionen zwischen Genom und Epigenom stehen in Verbindung mit dem Expo- som (der Gesamtheit der umweltbedingten »äußeren« und »inneren« Einflüsse, denen ein Mensch während seines gesamten Lebens ausgesetzt ist) und bestimmen das physiologische Gleichgewicht des Organismus.

Über die Ursprünge der Epigenetik

Wenn die Definition des Worts »Epigenetik« mehrere Facetten hat und von verschiedenen Wissenschaftlerin- nen und Wissenschaftlern unterschiedlich gefasst wird, liegt das zum Teil an den verschiedenen Bedeutungen des Begriffs im Laufe seiner Geschichte. »Diese Mehr- deutigkeiten gehen darauf zurück, dass der Begriff in der Geschichte der Biologie in mehreren Anläufen ein- geführt wurde, jedes Mal mit einem anderen Sinn«, erklärt Michel Morange, Biologie-Professor an der renommierten École normale supérieure (ENS) in Paris und Wissenschaftshistoriker, in einem Interview mit der Zeitung *Le Monde*.[2]

Eine Wurzel des Worts »Epigenetik« liegt in dem sehr alten Begriff »Epigenese«, welcher sogar der Entdeckung der Genetik um Jahrhunderte vorausgeht. Er wurde von Aristoteles, dem berühmten Philosophen der griechischen Antike, im 4. Jahrhundert vor Christus eingeführt. Durch die Beobachtung von Hühnerembryos erkannte Aristoteles, dass sich im Laufe der embryonalen Entwicklung die Formen fortschreitend herausbilden. Der Embryo ist also kein Wesen, das als eine Miniaturversion entsteht, in der alle Organe von Beginn an vorhanden sind, sondern ein sich entwickelnder Organismus, der immer komplexer wird bis hin zu seiner vollständigen Reifung.

Diese Theorie stand damit der Präformationslehre entgegen, der Vorstellung der Entstehung des Embryos als Miniaturwesen, die bis zum Ende des 18. Jahrhunderts vorherrschte. Um sich davon zu distanzieren, verwendete Aristoteles in seiner Schrift *Über die Entstehung der Tiere* den Begriff »Epigenese«, gebildet aus *epi* für »darüber«, »darauf« und *genesis* für »Entstehung«. Aristoteles war also der Allererste, der die Idee propagierte, dass die embryonale Entwicklung durch eine Abfolge von Interaktionen ausgelöst wird, die einen Einfluss auf den Organismus haben. Diese Theorie wurde ab dem 17. und 18. Jahrhundert von verschiedenen Naturwissenschaftlern wieder aufgegriffen, insbesondere von dem Anatomieprofessor und Chirurgen William Harvey, dem Embryologen Caspar Friedrich Wolff und später dem Philosophen und Biologen Hans Driesch.

Jean-Baptiste de Lamarck und die Vererbung erworbener Eigenschaften

Der französische Naturforscher Jean-Baptiste de Lamarck (1744–1829) war einer der Ersten, die die Idee äußerten, dass die Umwelt eine vorteilhafte Veränderung der Eigenschaften eines Individuums auslösen könne, die auf seine Nachkommenschaft übertragen werde. Die »Vererbung erworbener Eigenschaften« (oder Adaptionstheorie) gehöre zum Ursprung der Evolution der Spezies.

In diesem Punkt vertrat Lamarck also einen anderen Standpunkt als Charles Darwin, für den sich die Anpassung der Lebewesen an ihre Lebensbedingungen auf dem Wege der natürlichen Selektion durch zufällige Prozesse vollzog (nur die am besten an die Umwelt Angepassten überleben). Für Lamarck hingegen wies der Evolutionsprozess eine Tendenz zu einem natürlichen Zuwachs an Komplexität der Lebewesen auf.

Er war es übrigens, der das Wort »Biologie« erfunden hat: »Alles, was im Allgemeinen Pflanzen und Tieren gemein ist, wie alle Fähigkeiten, die jedes dieser Wesen ohne Ausnahme besitzt, müssen ein einzigartiges und weites Gebiet einer eigenen Wissenschaft bilden, die noch nicht begründet ist, die noch nicht einmal einen Namen besitzt und welcher ich den Namen der Biologie geben werde.«[3]

Doch erst Anfang der 1940er-Jahre trat der Begriff »Epigenetik« wirklich in Erscheinung, und zwar durch die Feder des Entwicklungsbiologen, Paläontologen, Philosophen und Genetikers Conrad Waddington, der von den Arbeiten Jean-Baptiste de Lamarcks inspiriert war.[4] Nach Waddington musste eine Erklärung für den Entwicklungsprozess gefunden werden, die zwischen dem Genotyp, der Gesamtheit der Gene eines Individuums, und dem Phänotyp, der Gesamtheit der bei einem Individuum in Erscheinung tretenden Eigenschaften, eine kausale Verbindung herstellte. Er zielte auf eine Versöhnung zwischen den Forschungen der Genetiker, die Mendel folgend die Funktion der Gene erkundeten, und den Arbeiten der Embryologen, die der Entwicklungstheorie folgend erforschten, wie aus einer befruchteten Eizelle durch fortschreitende Ausbildung der Formen ein komplexer Organismus entsteht. Hiervon ausgehend schlug Waddington vor, die Begriffe »Epigenese« und »Genetik« zu fusionieren, um die »Epigenetik« zu schaffen, deren Forschungsgebiet die Gesamtheit der Mechanismen umfasst, durch welche die Gene die Eigenschaften bestimmen. Epige-

netik und Epigenese sind also voneinander abzugren-
zende Begriffe, die nicht durcheinandergeworfen werden sollten.

Waddington versuchte zu erhellen, was bislang als
Rätsel galt: Wie konnte sich aus einer einzigen Zelle
eine so hohe Anzahl und eine derart große Diversi-
tät von Zellen des Embryos ergeben? Die naturwissenschaftlichen Fortschritte hatten gezeigt, dass alle
unsere Zellen dasselbe Genom besitzen, ganz gleich,
ob es sich um Zellen der Haut, des Magens, des Auges,
der Leber, des Gehirns oder des Bluts handelt. Das
war insofern logisch, als sie alle von ein und derselben Mutterzelle abstammen, der befruchteten Eizelle.
Aber dennoch sind alle unsere Zellen unterschiedlich!
Sie weisen ihre eigenen Charakteristika auf und verhalten sich jeweils auf ihre eigene Weise: Eine Leber-
zelle besitzt natürlich ein spezifisches Erscheinungsbild
und Aufgaben, die sich strikt von denen einer Lungen-
zelle unterscheiden. Das zeigt, dass sie ihre gemein-
same Basis, das Genom, auf je unterschiedliche Weise
verwenden, was es ermöglicht zu erklären, warum aus
einer einzigen Mutterzelle ein solches Spektrum unterschiedlicher Zellen hervorgeht. Aber wie vollzog sich
der Übergang vom Genotyp zum Phänotyp? Welche
genaue Rolle spielten die Gene?

Damals war der Träger des Erbguts, die DNA, noch
nicht entdeckt, doch Conrad Waddington stellte trotzdem die Hypothese auf, dass sich bei der Entwicklung
des Embryos wechselnde Netzwerke interagierender
Gene einschalteten. Diesbezüglich war er ein wahrer

Pionier. Er führte auch zahlreiche Experimente durch, um zu erforschen und zu verstehen, welche Konsequenzen Veränderungen der Umwelt oder der Gene auf die Entwicklung haben.

Die Zelle ist wie eine Murmel, die einen Berg hinunterrollt ...

Seine Theorie illustrierte Conrad Waddington mit dem Bild eines Bergs mit mehreren Tälern, auf dessen Spitze er eine Murmel positionierte. Ließe man die Murmel rollen, habe sie die Wahl, den einen oder den anderen der zahlreichen Wege zu benutzen. Es sind die Wege, die bestimmen, was aus ihr wird. Oben, auf dem Berggipfel, waren die Möglichkeiten breit gefächert. Der eingeschlagene Weg würde ihr Schicksal prägen.

In derselben Weise ist die Zukunft und Identität jeder unserer Zellen (Leber-, Herz-, Haut-, Hirnzelle) nicht allein der DNA eingeschrieben; unsere Zellen wählen einen bestimmten Weg und wenden fein geregelte Mechanismen an, um sich zu differenzieren und ihre Identität in Erinnerung zu behalten.

Wir wissen heute jedoch, dass die Zellidentität nicht unumkehrbar festgelegt ist, sondern dass Zellen reprogrammiert werden können. So zeigte der japanische Biologe Shinya Yamanaka im Jahr 2006, dass eine differenzierte Zelle wieder zu einer nicht differenzierten Stammzelle werden und alle ihre Eigenschaften verlieren kann, wenn sie vier bestimmten Faktoren ausgesetzt ist. Man bezeichnet sie dann als »induzierte pluripotente Stammzelle«.

Anfang der 1960er-Jahre, als die DNA also seit knapp zehn Jahren entdeckt war, wurde ein weiterer Meilenstein erreicht. Der französische Biologe Jacques Monod (1910–1976) wies die Existenz eines Moleküls nach, das die Verbindung zwischen der DNA und den Proteinen bildet: die Boten-RNA oder mRNA. Gemeinsam mit François Jacob und André Lwoff entdeckte er, dass die DNA der Ausgangspunkt biochemischer Reaktionen war, welche die für das Leben einer Zelle nötigen Proteine produzierten, und dass sich diese Reaktionen durch die Vermittlung der RNA vollzogen. Dieses Modell machte die unterschiedliche Expression der Gene im Laufe der Entwicklung erklärbar. Die drei Forscher waren auch die Ersten, die die Rolle aufzeigten, die ein Umweltfaktor – in diesem Falle die Laktose, der Milchzucker – bei der Steuerung der Genexpression und der Bestimmung der Eigenschaften bei dem Bakterium *Escherichia coli* spielt. Im Jahr 1965 wurden sie für diese Arbeiten mit dem Nobelpreis für Physiologie oder Medizin ausgezeichnet.

In den 1970er-Jahren geriet das Konzept der Epigenetik jedoch in Vergessenheit. Das lag zu einem wesentlichen Teil am Vorherrschen genetischer Theorien, die den Fokus allein auf das Genom richteten. Doch dank eines starken Anstiegs von Forschungsarbeiten zur Epigenetik, an denen insbesondere der britische Molekularbiologe Robin Holliday (1932–2014) beteiligt war, gewann das Konzept in den 1980er-Jahren wieder an Bedeutung. Holliday beobachtete damals an Zellkulturen, dass sich Veränderungen von Eigenschaften übertragen können. Es handelte sich um zahlreiche, sich rasch vollziehende Veränderungen, die bei allen Zellen die gleichen waren, also nicht von Mutationen der DNA herrühren konnten. Seine Beobachtungen bestätigten, dass bestimmte Veränderungen nicht in Zusammenhang mit Änderungen der DNA-Sequenz stehen, und legten damit nahe, dass die DNA auf andere Weise als durch Änderungen ihres Codes modifiziert wird.

Holliday vermutete, dass es sich bei einer dieser Modifikationen um die DNA-Methylierung handelt. Dabei wird einem DNA-Teilstück eine Methylgruppe hinzugefügt, was wir noch näher erklären werden *(siehe Seite 81)*. Diese Modifikation der DNA ist heute als einer der Basismechanismen der Epigenetik bekannt, der im Zusammenspiel mit weiteren, später entdeckten das Genom reguliert. Damit war das Gebiet der Epigenetik definiert: als Gesamtheit der übertragbaren und reversiblen Veränderungen der Genexpression, die keine Änderungen von DNA oder RNA einschließen.

Genetik und Epigenetik

Aus biologischer Sicht kann man sich die Frage stellen, ob die Epigenetik bloß eine Fortführung der Genetik ist oder ob es sich um eine eigene Fachrichtung handelt. Im realen Leben sind Genetik und Epigenetik für das Lebewesen auf gleiche Weise fundamental. Sie sind vollkommen komplementär zueinander und bedingen sich gegenseitig. Das Epigenom braucht das Genom, um zu funktionieren, und umgekehrt. Die epigenetischen Faktoren und Mechanismen ermöglichen die Aktivierung oder Deaktivierung von Genen und entscheiden darüber, ob sie exprimiert werden oder nicht. Es gibt also keinen Gegensatz zwischen Genetik und Epigenetik, sondern eine stetige vitale Abhängigkeit voneinander.

Betrachten wir den bekannten Fall der Bienen, um besser zu verstehen, wie diese Interaktion funktioniert. Er veranschaulicht einen der markantesten epigenetischen Mechanismen. Ein Bienenstaat besteht aus Zehntausenden Arbeiterinnen, aber nur einer Königin. Deren physische Erscheinung unterscheidet sich sehr stark von den anderen Bienen: Ihr Hinterleib ist länger, ihr Brustkorb und ihre Geschlechtsteile sind stärker entwickelt. Zudem ist sie als Einzige im Bienenstock fruchtbar, und ihre einzige Aufgabe besteht darin, Eier zu legen. Zu Anfang jedoch, noch im Larvenstadium, war sie genau wie die anderen Bienen. Ihr Genom ist vollkommen vergleichbar mit dem der

Arbeiterinnen: Königin und Arbeiterinnen haben insgesamt die gleiche DNA.

Was also führt dazu, dass eine Larve eines Tages ihrem gewöhnlichen Schicksal entrinnt und zur Königin wird? Dieses Rätsel hat die Wissenschaftler seit den 1950er-Jahren fasziniert. Damals entdeckte man, dass es die Ernährungsweise ist, die die unterschiedliche Entwicklung von Königin und Arbeiterinnen bedingt. Bei ihrer Geburt nehmen alle Larven Gelée royale zu sich, das die Ammenbienen produzieren. Nach drei Tagen jedoch wird dieses Gelée royale für alle Larven zunehmend mit Honig und Pollen vermengt, außer für jene in den Königinnenzellen. Diese erhalten den kostbaren Nektar weiterhin pur. Nach etwa drei Wochen schlüpfen diese »privilegierten« Larven und bringen sich gegenseitig um, bis nur eine von ihnen übrig bleibt: die Königin. Diese wird während ihres gesamten Lebens weiterhin mit Gelée royale ernährt. Alle anderen Larven, aus denen Arbeiterinnen werden, entwickeln sich langsamer: Sie brauchen eine Woche länger, bis sie ihre Waben verlassen. Die Unterschiede zwischen der Königin und den übrigen Bienen erklären sich also allein aus dem Unterschied einer unterschiedlichen Ernährung zu einem bestimmten Zeitpunkt ihrer Entwicklung: Es handelt sich folglich um erworbene Eigenschaften und nicht um angeborene. Heute weiß man, dass diese Wirkung Veränderungen der DNA-Methylierung geschuldet ist, die durch das Gelée royale ausgelöst werden.

Doch auch die Arbeiterinnen unterliegen epigene-

tischen Veränderungen. Bevor sie zur Nektarsamm-
lerin (Trachtbiene) wird, durchläuft eine Arbeiterin
ein Zwischenstadium: von der Ammenbiene wird sie
zur Stockbiene. Diese Transformation wird durch Veränderungen der DNA-Methylierung bei bestimmten
Genen ermöglicht.[5] So konnten Modifikationen in 155
Bereichen des Genoms festgestellt werden. Handelt es
sich um eine Ursache der Veränderung des Phänotyps
oder um eine Folge?

Um dies herauszufinden, entnahmen Forscher dem
Stock die Ammenbienen und beobachteten das Verhalten der voll entwickelten Trachtbienen. Das Ergebnis: Die Trachtbienen nahmen sich der entstandenen
Lücke an, und die Hälfte von ihnen verwandelte sich in
Ammenbienen zurück. Diese Wandlung geht mit einer
Änderung des Methylierungsgrads von 98 Genen einher. Diese Ergebnisse werfen Licht auf zwei wichtige
Punkte. Zum einen haben Faktoren wie die Ernährung oder ein einschneidendes Ereignis (wie das Verschwinden der Ammenbienen in einem Stock) eindeutig Auswirkungen auf die Regulation der Genaktivität
mit funktionellen Folgen für den Organismus. Zum
anderen sind diese Veränderungen umkehrbar, wenn
sich die Umwelt wandelt.

Die Ergebnisse dieser Experimente lassen sich auf
den Fall eineiiger Zwillinge übertragen. Während sie
genau das gleiche Genom haben und zu Beginn zahlreiche Ähnlichkeiten aufweisen, werden sie unter dem
Einfluss ihrer Umwelt im Laufe der Zeit bemerkenswerte Unterschiede entwickeln. Diese Umwelteinwir-

kungen werden auf ihre körperlichen Eigenschaften wie auf ihr Verhalten einen Effekt haben.

Schildkröten oder Krokodile werden nicht als Weibchen oder Männchen geboren – sie entwickeln sich erst dazu

In der Natur gibt es weitere erstaunliche Beispiele für das Wirken epigenetischer Mechanismen. Bei vielen Eier legenden Reptilien ist das befruchtete Ei ohne Geschlecht. Es ist weder weiblich noch männlich. Das Geschlecht, das das einzelne Tier annimmt, hängt von der Bruttemperatur ab. Aus einem Schildkrötenei wird ein Männchen, wenn die Bruttemperatur während der zweimonatigen Brutzeit niedriger als 30 °C ist; wenn sie höher ist, hingegen ein Weibchen. Man spricht von »temperaturabhängiger Geschlechtsdetermination«. Bei Krokodilen ist der Vorgang etwas komplizierter: Die Determination des männlichen Geschlechts ergibt sich zwischen zwei Temperaturschwellen. Auf diese Weise können die Umweltbedingungen – auf dem Umweg ihres Einflusses auf die Expression bestimmter Gene – das Geschlecht eines Tieres bestimmen.

Ein anderes Beispiel: Eine Störung im entscheidenden Moment der Geschlechtsdetermination kann bei vielen Spezies zu schweren physiologischen Problemen führen. Beim Menschen zum Beispiel können Anomalien wie ein Fehler der Geschlechtszuordnung, eine verfrühte Pubertät und eine gesenkte Fruchtbarkeit mit Stress oder endokrinen Disruptoren während der Entwicklung im Mutterleib in Verbindung gebracht werden.

Ganz wie die Biene ist auch der Mensch nicht nur durch sein Genom bestimmt, sondern er ist das Resultat einer Kombination seines Genoms und seines Epigenoms. Der vom Genom getragene Code oder der Genotyp, der von den Eltern geerbt wird, die ihn wiederum von ihren Eltern haben, ist unveränderlich, wenn er nicht durch Karzinogene, UV- oder Röntgenstrahlung beschädigt wird. Das Epigenom hingegen unterliegt ständiger Veränderung. Die epigenetische Ausrüstung eines jeden bleibt während seiner gesamten Lebensdauer dynamisch und variiert unablässig in Abhängigkeit von zahlreichen Faktoren: Ernährung, persönliche Erfahrungen, Alter. Zu einem Teil wird es durch das Epigenom der Eltern bestimmt. Darauf werden wir noch zurückkommen. Es sind also die Interaktionen zwischen Genom und Epigenom, die die Funktionen der Zellen sowie der Organe und das physiologische Gleichgewicht des Organismus bestimmen. Werden diese Interaktionen gestört, kann dies zu Erkrankungen führen.

Das Buch und das Lesen, die Partitur
und ihre Interpretation

Um den Unterschied zwischen Genom und Epigenom zu veranschaulichen, greift Thomas Jenuwein, Direktor am Max-Planck-Institut für Immunbiologie und Epigenetik in Freiburg, zum Bild vom Buch und vom Lesen. »Den Unterschied zwischen der Genetik und der Epigenetik kann man wahrscheinlich mit dem Unterschied zwischen dem Schreiben und dem Lesen eines Buchs vergleichen. Nachdem ein Buch geschrieben ist, ist der Text (die Gene oder die in der DNA gespeicherte Information) in allen an den interessierten Leserkreis verteilten Kopien der gleiche. Jedoch wird jeder einzelne Leser des Buchs die Geschichte auf etwas unterschiedliche Weise interpretieren, mit sich im Laufe der Kapitel unterschiedlich entwickelnden Gefühlen und Erwartungen. In sehr ähnlicher Weise ermöglicht die Epigenetik verschiedene Interpretationen einer festen Vorlage (das Buch oder der genetische Code), was je nach den variablen Bedingungen, unter denen die Vorlage betrachtet wird, zu unterschiedlichen Lesarten führt.«[6]

Das Genom lässt sich auch mit einer Musikpartitur vergleichen. Für sich genommen ist die Partitur nichts als eine Abfolge von Strichen und Punkten, aber ihre Interpretation wird sich von einem Musiker zum nächsten und von einem Moment zum anderen sehr unterscheiden. Diese Interpretation ist das Epigenom.

Der Einfluss der Umwelt

Welche Faktoren beeinflussen uns während unseres Lebens und definieren mit, wer wir sind? Woraus besteht unser »Exposom«? Mit diesem Begriff bezeichnet man die Gesamtheit der Faktoren, denen ein Individuum während seines Lebens ausgesetzt ist – von seiner Zeugung über sein Leben *in utero* bis nach der Geburt. Unser Exposom ist also die Summe einer großen Anzahl von Variablen: was wir essen, unser soziales Milieu und der Ort, an dem wir aufwachsen, unser persönlicher Lebensstil. All dies beeinflusst unser Epigenom. Auch die Substanzen oder Schadstoffe, denen wir während unseres Lebens ausgesetzt sind, haben einen unbestreitbaren Einfluss: Tabak, Alkohol, Drogen, Medikamente, Pestizide… Gesunde Lebensführung (Ernährung, körperliche Aktivität) stellt ebenfalls einen wichtigen Faktor dar.

Auch die In-vitro-Fertilisation beeinflusst unser epigenetisches »Gepäck«

Die Tatsache, dass Umwelteinflüsse eine Schlüsselrolle bei der Genexpression spielen, berechtigt zu der Frage, ob die Methoden der künstlichen Befruchtung und insbesondere der In-vitro-Fertilisation (IVF) Auswirkungen auf das epigenetische Gepäck des Individuums haben. Diese Methode besteht darin, die männlichen und weiblichen Keimzellen (Spermien und Eizellen) der zukünftigen Eltern nach einer genau festgelegten Vorgehensweise *in vitro* miteinander in Kontakt zu bringen. Die auf diese Weise befruchtete Eizelle wird in den Uterus der Mutter zurückverpflanzt, wo sie ihre Entwicklung vollziehen soll.

Wissenschaftler sind der Frage nachgegangen, indem sie Studien zu durch In-vitro-Fertilisation gezeugten Kindern anstellten und indem sie Experimente an Mäusen durchführten. Sie berichten, dass die auf diese Weise gezeugten Kinder doppelt so häufig angeborene Entwicklungsfehler aufweisen wie auf natürlichem Wege gezeugte: Anomalien der Muskulatur, des Herz-Kreislauf-Systems, Untergewicht bei der Geburt, Wachstumsverzögerung oder das Angelman-Syndrom *(siehe Seite 58)*. Diese Entwicklungsfehler werden mit epigenetischen Veränderungen in Verbindung gebracht. Zu identischen Ergebnissen führten Versuche mit *in vitro* gezeugten Mäusen. Die Forscher stellten epigenetische Veränderungen an bestimmten Genen fest, die die Bildung gewisser Proteintypen steuern – eine Erklärung für die Entwicklungsprobleme.

Außer den »äußeren« Faktoren wird unser Epigenom auch maßgeblich durch »innere« Faktoren bestimmt, also emotionale Reaktionen, psychologische Verfassung und nervliches Gleichgewicht, die alle direkt mit äußeren Einflüssen oder Situationen der Gegenwart oder der Vergangenheit in Verbindung stehen. Was für Erfahrungen wir machen, Stress und Kindheitstraumata können die Art und Weise beeinflussen, in der unsere Gene gelesen werden.

In der klinischen Psychologie weiß man seit Langem, dass die mütterliche Bindung und das soziale Umfeld eines kleinen Kindes eine tiefe Wirkung auf das emotionale und psychologische Gleichgewicht während des gesamten Lebens haben. Und dass, falls dieses Gleichgewicht durch eine Traumatisierung, chronischen Stress wie verbaler, körperlicher oder sexueller Gewalt, Vernachlässigung oder Verlassenwerden gestört ist, das Risiko schwerer Erkrankungen im Erwachsenenalter erhöht ist. Das gilt für psychische Probleme, Depression, Phobien, Angststörungen, Schizophrenie und Abhängigkeiten, was in manchen Fällen zum Suizid führen kann. Hinzu kommen psychosomatische und Stoffwechselerkrankungen während der Kindheit, der Jugend oder auch im Erwachsenenalter. Überdies können sich epigenetische Abweichungen mit dem Alter in den Zellen akkumulieren. So weiß man heute, dass ältere Menschen mehr epigenetische Abweichungen aufweisen als jüngere. Man kann sogar das Alter einer Person allein anhand ihres epigenetischen Diagramms abschätzen.

Ein epigenetisches Gepäckstück als Erbe

Nun stellt sich die Frage: Wenn das Genom von einer Generation auf die nächste übertragen wird, kann dann auch das Epigenom, das die Genexpression beeinflusst und eine Art molekulares Gedächtnis ist, weitergegeben werden? Wir erben die Gene unserer Eltern, aber erben wir auch ihr Epigenom?

Wir wissen heute, dass die Umweltfaktoren einen Einfluss auf alle Körperzellen und auch auf die Keimzellen ausüben. Dadurch können die epigenetischen Prozesse, die unmittelbar durch die Umwelt ausgelöst werden, auch die Keimzellen betreffen und auf diese Weise ihr Genom »markieren«. Dieser Einfluss der Umwelt wirkt sich das ganze Leben lang aus, aber es scheint, dass es besonders »riskante« Phasen gibt, Phasen einer erhöhten Empfindlichkeit gegenüber Veränderungen, und zwar insbesondere was die Keimzellen angeht.

Während der Embryonalentwicklung wird das Epigenom stark umgeformt. In den allerersten Stadien der Embryogenese, wenn sich der Embryo nach der Befruchtung der Eizelle noch kaum entwickelt hat, werden bestimmte epigenetische Markierungen, die von den Keimzellen der Eltern stammen, zu einem Teil gelöscht oder neu programmiert. Dieser Prozess dauert bis kurz vor der Einnistung des Embryos in die Gebärmutter an. Nachdem sie teilweise wiederhergestellt wurden, werden einige Tage später in den zukünftigen Geschlechtszellen, die sich inzwischen gebildet haben (den »primordialen Keimzellen«), bestimmte epigenetische Markierungen erneut reprogrammiert. Die Markierungen werden danach vom Fötus im Laufe seiner Entwicklung progressiv wieder erworben, wobei den Keimzellen ein spezifisches epigenetisches Gepäck mitgegeben wird, je nach Geschlecht ein anderes.

Diese Phasen großer epigenetischer Dynamik sind zugleich die Phasen der Verwundbarkeit für den Fötus. Ist er – auf dem Weg über die Plazenta – endokrinen Disruptoren, Stress, unausgeglichener Ernährung oder Alkohol ausgesetzt, kann dies zu epigenetischen Abweichungen in jeder seiner Zellen einschließlich der zukünftigen Keimzellen führen. In diesen Phasen, in denen die Maschinerie für die Etablierung des Epigenoms auf vollen Touren läuft, können aber auch bestimmte Veränderungen korrigiert werden, sodass sie nicht weiter bestehen.

Nach der Geburt sind die Keimzellen gegenüber Umweltfaktoren abermals äußerst empfindlich, besonders zu Beginn der postnatalen Phase, wenn sie – wie dies bei Männern der Fall ist – in den Keimdrüsen voll in der Reifung sind. Ebenfalls bei Männern ist die Entwicklungsphase der Präpubertät hinsichtlich Ernährungsweise und Stress besonders empfindlich, mit bleibenden Auswirkungen auf die körperliche und geistige Gesundheit, die sich im Erwachsenenalter zeigen.

Körperzellen und Keimzellen

Körperzellen, auch somatische Zellen genannt, sind alle Zellen, aus denen sich der Organismus eines Vielzellers zusammensetzt, im Gegensatz zu den Geschlechts- oder Keimzellen (Gameten). Sie unterteilen sich also in Muskelzellen, Blutzellen und die Zellen aller Organe und Gewebe wie Gehirn, Leber, Magen, Bauchspeicheldrüse, Lunge, Haut... Jede Körperzelle enthält 23 Chromosomenpaare, wobei eine Kopie von der Mutter und eine vom Vater stammt. Man bezeichnet sie als »diploide Zellen«.

Die Keimzellen hingegen sind die Gameten, die Ei- und Samenzellen, die zur Geburt eines neuen menschlichen Wesens führen werden. Anders als die Körperzellen enthalten sie nur eine Kopie von jedem Chromosom. Man bezeichnet sie als »haploide Zellen«: Jedes Gen liegt nur in einem einzigen Exemplar vor. Bei der Zeugung setzen sich eine Kopie, die von der Eizelle stammt, und eine Kopie, die von der Samenzelle stammt, zusammen. Es entsteht eine diploide Zelle, die die Chromosomen in zwei Exemplaren enthält.

Die entscheidende Frage nach einer möglichen Übertragung der Einflüsse von Lebenserfahrungen aber lautet: Was wird von einer Generation auf die nächste übertragen? Welcher Umfang an Informationen?

Die Debatten hierüber sind zahlreich und verlaufen nicht selten stürmisch. Manche sagen, dass viele Elemente übertragen würden, andere, dass dies in geringerem Umfang geschehe. Doch die Forschungsergebnisse der letzten Jahre hinsichtlich des Menschen und bei Versuchstieren zeigen, dass wohl die erste Hypothese zutrifft. Was unsere Eltern gegessen haben, die Giftstoffe, denen sie ausgesetzt waren, die Erfahrungen, die sie in ihrem Leben machten, haben einen Einfluss auf ihr Epigenom, auf das unsrige und wahrscheinlich auch auf das unserer Kinder.

»Programmiert« durch die Ernährung unserer Eltern und unserer Großeltern

Wir wissen heute, dass sowohl Unterernährung als auch ihr Gegenteil, Nahrungsüberfluss, Auswirkungen auf das Risiko für Herz-Kreislauf-Erkrankungen oder Diabetes, auf Lebensdauer und Sterblichkeit haben. So haben viele Studien gezeigt, dass Hunger leiden, unausgeglichene oder zu fetthaltige Ernährung bei Kindern und Jugendlichen das Stoffwechselsystem für den Rest ihres Lebens programmieren und Auswirkungen auf das Leben ihrer zukünftigen Kinder haben kann.[7] Doch dieser Einfluss kommt auch während des fötalen Lebens zum Tragen und kann die nachfolgende Generation betreffen, wenn die Folgen für den Fötus dauerhaft sind und sich auf die Keimzellen beziehen.

Einer der Ersten, die sich dem Thema widmeten, war der norwegische Mediziner und Forscher Anders Forsdahl (1930–2006) während der 1970er-Jahre.[8] Er stellte die These auf, dass schwierige Lebensumstände in der Kindheit oder Jugend einen Risikofaktor für Herz-Kreislauf-Erkrankungen im Erwachsenenalter darstellten. Sei der Organismus einmal für eine schwache Energiezufuhr »programmiert«, passe er sich bei einer später reichhaltigen Ernährung nicht an, was das Auftreten der Herz-Kreislauf-Erkrankungen erkläre. Der britische Mediziner und Epidemiologe David Barker (1938–2013) hingegen lenkte die Aufmerksamkeit auf die allerfrühsten Lebensphasen, also auf das fötale Leben und sogar noch weiter zurück. Ihm zufolge haben die Entwicklungsbedingungen des Fötus und dann des Kleinkinds Auswirkungen auf den Stoffwechsel und können zum Auftreten bestimmter Krankheiten führen.

Unter dem Begriff *Developmental Origins of Health and Disease* (*DOHaD* – »Ursprünge von Gesundheit und Krankheit in der Entwicklung«) hat man weitere Forschungen zu Barkers These angestellt, die bestätigen, dass das, was während der pränatalen Entwicklung passiert, einen direkten und langfristigen Einfluss auf die Gesundheit des Kindes und das Auftreten chronischer Krankheiten hat. Die Ernährung, die Lebensführung, der Gesundheitszustand und das psychologische und soziale Umfeld der Mutter, aber auch des Vaters ergeben eine Kombination nicht genetischer Einflüsse, die das spätere Leben bestimmen. Sogar vor der Zeugung können diese Faktoren eine Rolle spielen. Man bezeichnet dies auch als »fötale Programmierung«.

Die *Thrifty-Phenotype*-Hypothese (Sparsamer-Phänotyp-Hypothese) erklärt genauer, wie Nährstoffmangel in der fötalen Entwicklung zur Schädigung bestimmter Organe führen kann, was mit einem erhöhten Risiko chronischer Krankheiten in Verbindung gebracht wird, wozu Herzkranzgefäßerkrankungen, Hirngefäßinfarkte, Diabetes und Bluthochdruck zählen. Viele weitere Forschungen bestätigen diese Ergebnisse. Eine Studie hat zum Beispiel klar gezeigt, dass die Ernährung der Mutter nicht nur während der Schwangerschaft, sondern auch während ihrer eigenen Kindheit einen Einfluss haben kann, welches Risiko für ihr Kind besteht, im Erwachsenenalter an Herzgefäßerkrankungen, Diabetes Typ 2 und arteriellem Bluthochdruck zu leiden.[9]

Wichtig ist in diesem Zusammenhang der Begriff »Programmierung«. Dies veranschaulichen Versuche mit Mäusen, die zeigen, dass mangelnde Nahrungszufuhr während der Trächtigkeit zur Geburt kleinerer Mäuse als gewöhnlich führt. Ausgewachsen leiden diese Mäuse dann – selbst wenn sie in normalen Mengen fressen – stärker unter Übergewicht, ja sogar Fettleibigkeit und Diabetes. Sie verdauen Glukose nur schlecht, und ihre Insulinproduktion ist dysfunktional. Wenn man sie aber weiterhin nur mangelhaft versorgt, erfreuen sie sich bester Gesundheit!

Dies beweist, dass die Mäuse, die als Föten einem Mangel an Nährstoffen ausgesetzt waren, auf diese Bedingungen programmiert sind. Hält die Nahrungsknappheit an, entwickeln sie sich gut. Entfallen diese Bedingungen hingegen, und die Ernährung ist reichhaltig, treten Krankheiten auf, weil der Organismus darauf nicht eingestellt ist.

Zum selben Ergebnis ist man auch beim Menschen gekommen. Studien zeigen, dass Kinder, insbesondere Jungen, deren Mütter während der Schwangerschaft Hunger litten – im vorliegenden Fall während der fünf Monate anhaltenden Hungersnot der Jahre 1944/1945 in Holland –, ein erhöhtes Risiko tragen, als Erwachsene fettleibig zu werden und an Glukoseintoleranz sowie an Herzkranzgefäßerkrankungen zu leiden. Das Risiko ist umso höher, je kalorienreicher die Ernährung ist. Sogar für die Kindeskinder besteht ein erhöhtes Risiko zu erkranken. Die Ernährung der Eltern hat also nicht nur Auswirkungen auf die Kinder, sondern auch auf die folgenden Generationen![10] Zu diesem erstaunlichen Ergebnis kamen nicht allein diese Studien, sondern auch weitere Forschungen über Mangel leidende Bevölkerungsgruppen und ihre Nachkommen.

Der Fall Överkalix – ein kleines, abgelegenes Dorf in Nordschweden

Eine Serie von Studien, die von Forschern der Universität Umeå in Schweden durchgeführt wurde, fokussierte sich auf die physiologischen Auswirkungen von Umweltfaktoren über mehrere Generationen hinweg.[11] Indem sich die Forscher auf ein bestimmtes Gebiet konzentrierten, in diesem Fall die Geschichte des Dorfes Överkalix, erbrachten sie als Erste den Beweis, dass Auswirkungen von Umwelteinflüssen beim Menschen vererbt werden können.

Dass die Wahl auf dieses kleine Dorf fiel, das heute kaum 3500 Einwohner zählt, hatte mehrere Gründe. Zum einen war seine Bevölkerungsentwicklung im Laufe des 19. und 20. Jahrhunderts stabil geblieben. Nur wenige Einwohner hatten das Dorf verlassen, was die Bevölkerung genetisch betrachtet homogener werden ließ. Zum anderen hatte das Dorf mehrere Hungersnöte erlebt, die durch historische Quellen genau dokumentiert sind. Durch Aufzeichnungen über die Ernten, die fast 150 Jahre zurückreichen, ließen sich die Dauer der Hungerperioden und das Ausmaß der Not genau bestimmen. Um die Auswirkungen dieser Hungersnöte auf die Gesundheit der Bevölkerung zu untersuchen, wählten die Forscher aus den Personenstandsregistern 303 Personen aus: 139 Frauen und 164 Männer, geboren in den Jahren 1890, 1905 oder 1920, sowie ihre 1818 Kinder und Enkel, von denen im Jahr 1995, als die Studie beendet wurde, 44 noch lebten.

Die Forscher gingen von folgender Frage aus: Hat die Ernährungsweise eines Kindes in der »Phase langsamen Wachstums« einen Einfluss auf das Risiko, an Herz-Kreislauf-Erkrankungen und Diabetes zu sterben? Als Phase langsamen Wachstums (*slow growth period*) wird dabei die Zeit vor dem Einsetzen der Pubertät bezeichnet, also das Alter von 9 bis 12 Jahren bei Jungen und 8 bis 10 Jahren bei Mädchen. In dieser Phase haben die Umweltfaktoren einen erhöhten Einfluss auf den Körper.

Die Ergebnisse der Studie sind absolut erstaunlich. Sie zeigen, dass die Männer, deren Großväter im Alter zwischen 9 und 12 Jahren eine Hungerszeit erlebten, eine geringere Sterbequote aufwiesen als jene, deren Großväter im gleichen Lebensalter mit reichhaltiger Nahrung versorgt waren. Darüber hinaus wurde aber eine höhere Quote an Herz-Kreislauf-Erkrankungen und insbesondere ein vierfach erhöhtes Risiko für Diabetes beobachtet. Das lässt den Schluss zu, dass bei Männern die Überlebenschancen und das Risiko für Leiden wie Diabetes oder Herz-Kreislauf-Erkrankungen zum Teil davon abhängen, was ihre Großväter im Alter zwischen 9 und 12 Jahren gegessen haben.

Die Forscher waren angesichts dieser Beobachtungen allerdings ratlos und konnten weder die biologische Basis noch die zugrunde liegenden Mechanismen erklären. Erst dank Hinweisen des klinischen Genetikers Marcus Pembrey vom University College London orientierten sie sich in Richtung eines epigenetischen Erklärungsansatzes. Die These lautete, dass Spermien

möglicherweise empfindlich gegenüber Ernährungs-
faktoren sind: War der Großvater einer Hungersnot
oder einem reichhaltigen Nahrungsangebot ausgesetzt,
könnte dies einen direkten Einfluss auf die Keimzellen
haben, die einzigen Zellen, die ein Band zwischen den
Generationen darstellen.

Die Studienergebnisse erregten in Wissenschaftskrei-
sen großes Aufsehen, denn das Dogma der klassischen
Genetik hatte noch einen starken Stand. Zahlreiche
weitere Studien wurden in Gang gebracht und bilde-
ten eine wichtige Grundlage für das neue Forschungsgebiet der epigenetischen Vererbung, wie wir es heute
kennen. Britische Forscher führten eine erneute Analyse der Quellen zu Överkalix durch, und ein groß
angelegtes Projekt, die ALSPAC-Studie (*Avon Longitudinal Study of Parents and Children*), wurde ins Leben
gerufen.[12] Diese Längsschnittstudie von Eltern und
ihren Kindern in der britischen Grafschaft Avon nahm
mehr als 14 000 Personen in den Blick, und zwar ab
dem fötalen Stadium während der Schwangerschaft
ihrer Mütter in den Jahren 1991 und 1992. Aus diesen
Analysen ergeben sich als Resultate: Die Ernährung
des Großvaters väterlicherseits hat tatsächlich einen
Einfluss auf die Sterberate der Enkel, jedoch nicht
der Enkelinnen. Was die Ernährung der Großmutter
väterlicherseits angeht, spielt diese eine Rolle für die
Sterberate der Enkelinnen, aber nicht der Enkel. Die
in einer bestimmten Phase gemachten Erfahrungen
haben also einen Effekt auf die nachfolgenden Generationen, der je nach Geschlecht unterschiedlich zum

Tragen kommt. Doch warum hat die Ernährung des Großvaters väterlicherseits im Alter zwischen 9 und 12 Jahren einen Einfluss auf die Enkel, die Ernährung der Großmutter väterlicherseits während der gleichen Phase aber nicht?

Die genaue Antwort ist noch nicht bekannt, aber es besteht wahrscheinlich ein Zusammenhang mit der Natur der offensichtlich unterschiedlichen weitergegebenen Faktoren. Tatsächlich fällt eine für die epigenetische Markierung sensible Phase beim Mann im Wesentlichen mit der Pubertät zusammen, also mit dem Einsetzen der Spermienbildung, während sie bei Frauen in der Pubertät erst später eintritt. Die fötale Phase ist hingegen gleichermaßen kritisch, weil in diesem Zeitraum bei weiblichen Föten in den Eierstöcken die Vorläufer der Keimzellen oder Primordialfollikel gebildet werden, die sich dann zu Eizellen entwickeln. Die erneute Analyse der Ergebnisse der Överkalix-Studie zeigte übrigens auch, dass die Männer, deren Väter vor der Pubertät geraucht hatten, im Alter von 9 Jahren einen leicht erhöhten Body-Mass-Index (BMI, ein verlässlicher Marker für Übergewicht und Fettleibigkeit) aufweisen, wenn man sie mit jenen vergleicht, deren Väter nicht geraucht haben. Dieser Effekt tritt bei Mädchen nicht auf, was noch einmal nahelegt, dass je nachdem, welcher Elternteil betroffen ist, spezifische Prozesse existieren.

Zusammengefasst lässt sich also sagen: Sie werden durch das, was Ihr Großvater in seiner Pubertät erlebt hat, geprägt (sofern Sie ein Mann sind), und durch die

Lebensumstände, denen Ihre Großmutter als Fötus ausgesetzt war, bevor sie zur Welt kam.

Zwei identische Chromosomen, zwei verschiedene Krankheiten

Professor Pembrey machte eine weitere wichtige Entdeckung zum Verständnis der epigenetischen Mechanismen.[13] Beim Studium zweier genetischer Krankheiten von Kindern – dem Prader-Willi-Syndrom (Muskelhypotonie und Hyperphagie, die zu krankhafter Fettleibigkeit führt) und dem Angelman-Syndrom (Entwicklungsverzögerung mit schwerer kognitiver Behinderung) –, entdeckte er, dass sie denselben chromosomalen Ursprung haben. Ein Teilstück des Chromosoms 15 ist betroffen. Das Überraschende ist, dass sich das Prader-Willi-Syndrom entwickelt, wenn das defekte Chromosom vom Vater stammt, während sich das Angelman-Syndrom herausbildet, wenn es von der Mutter kommt.

Während zudem 70 Prozent der Fälle auf einen Defekt dieses Chromosomenteilstücks zurückgehen, sind andere Fälle – statt eines Fehlens der väterlichen Kopie (Prader-Willi-Syndrom) oder der mütterlichen (Angelman-Syndrom) – einer Deaktivierung durch DNA-Methylierung geschuldet. Die beiden elterlichen Kopien sind genetisch betrachtet identisch, der Unterschied liegt in ihrem »epigenetischen Status«, der durch Faktoren der Umwelt, der Ernährung oder emotionaler Natur aufseiten des Vaters oder der Mutter bedingt wird. Das zeigt, dass der epigenetische Einfluss, der über das eine oder das andere der elterlichen Chromosomen ausgeübt wird, in Erinnerung behalten und auf das Kind übertragen werden kann.

Dass die DNA-Methylierung eine epigenetische Markierung der Eltern darstellen könnte, die veränderlich und übertragbar ist, war nicht mehr als eine einfache Ausgangsthese. Mittlerweile wurde sie jedoch durch zahlreiche weitere Studien überprüft und konnte in den letzten Jahren bestätigt werden. Eines der ersten überzeugenden Beispiele lieferte im Tierversuch die Maus – dank eines Musters, nach dem sich ihre Fellfarbe bestimmt.

Das Beispiel des Agouti-Gens bei der Maus

Bei der Maus ist es möglich, die Fellfarbe ganz einfach dadurch zu verändern, dass man ihre Ernährung umstellt. Dies ist ein epigenetisches Phänomen. Beteiligt ist das Agouti-Gen, das dem Tier eine hellbraune Farbe verleiht, die als wildfarben oder – nach dem englischen Wort für Aguti, ein südamerikanisches Nagetier – als »agouti« bezeichnet wird. Zwar wirkt die

Farbe von Weitem einheitlich, tatsächlich aber ergibt sie sich aus einer Abfolge von gelben und schwarzen Segmenten jedes Haares, die aus der Nähe betrachtet an Zebrastreifen erinnern. Bei normalen, also »wilden« Mäusen, codiert das Agouti-Gen ein Protein, das nicht selbst die Farbe verleiht, sondern ein Signal an die Melanozyten sendet, die Pigmentzellen in der Haut, die farbige Proteine produzieren. Dieses Signal veranlasst die Melanozyten, abwechselnd ein gelbes und ein schwarzes Protein zu produzieren, während das Fell nach und nach wächst. Diese abwechselnde Umsetzung führt zu den Streifen des Haars und verleiht dem Fell die agouti-braune Farbe.

Bei bestimmten Mäusen, insbesondere den A^{vy}-Agutis, ist das Agouti-Gen durch ein fremdes DNA-Element unterbrochen, das als »Retrotransposon« bezeichnet wird. Teil der Familie der transponierbaren Elemente sind die Retrotransposons, sich wiederholende DNA-Sequenzen, welche von Viren oder Bakterien stammen, die im Laufe der Jahrtausende Stück für Stück unser Genom kolonisiert haben und so an seiner Evolution beteiligt waren. Sie umfassen heute mehr als 40 Prozent des menschlichen Genoms. Diese invasiven Elemente können unglücklicherweise von einer Stelle des Genoms zur nächsten springen und dadurch in einem Gen landen und es unterbrechen. Ihre Mobilität und ihre Aktivität können aber durch epigenetische Mechanismen blockiert sein.

Um das etwas genauer zu erklären: Bei den A^{vy}-Agutis wurde ein IAP *(»intracisternal A particle«)* genanntes Retrotransposon, das von einem Virus stammt, vor dem Agouti-Gen eingefügt und stört dessen Expression, ohne sie ganz zu unterbinden. Es macht sie ektopisch – das Gen wird am falschen Ort und zur falschen Zeit aktiv. Ohne Kontrolle über seine Expression wird das Agouti-Gen sowohl in der Haut als auch anderswo im Körper ungesteuert aktiv. Was das Fell angeht, wird das Signal an die Melanozyten gestört, weshalb diese sich daranmachen, unentwegt nur gelbes Protein zu produzieren, statt im Wechsel auch schwarzes. Die Mäuse sind deswegen vollkommen gelb. Andere Zellen beginnen, das Protein anormalerweise auch in der Leber, der Bauchspeicheldrüse und so weiter zu produzieren, wo es eigentlich nicht vorkommt. Dies schädigt die Zellen stark und lässt die Mäuse fettleibig, diabetisch und anfällig für Tumore werden.

Die springenden Sequenzen der DNA

Im Gegensatz zu den Genen, die fixiert sind und deren Sequenz stabil ist, ist der Teil des Genoms, der keine Gene enthält, dynamisch, und seine Sequenzen werden oft neu strukturiert. Bei einem der Mechanismen dieser Restrukturierung greifen »Transposons« genannte bewegliche Elemente ein, die beim Menschen etwa 45 Prozent des Genoms ausmachen. Entdeckt wurden sie in den 1940er-/1950er-Jahren von Barbara McClintock bei der Maispflanze. Trans posons sind sich wiederholende DNA-Sequenzen, die durch einen Transpositionsmechanismus imstande sind, selbstständig ihren Platz im Genom zu wechseln. Diese Elemente entstammen der Integration viralen oder bakteriellen Genoms bei unseren Vorfahren. Sie spielen eine wesentliche Rolle in Bezug auf die Plastizität des Genoms, indem sie sowohl seinen Polymorphismus als auch die Bildung neuer Kombinationen der DNA-Sequenzen begünstigen. Manchmal jedoch können sie sich in ein Gen integrieren und auf diese Weise schädliche Wirkung haben.

Das Genom ist jedoch imstande, sich vor der unheilvollen Aktion der Retrotransposons wie dem IAP des Agouti-Gens zu schützen und sie zu blockieren. Dazu benutzt es den epigenetischen Mechanismus der DNA-Methylierung, der zu den wichtigsten Funktionsweisen der epigenetischen Steuerung des Genoms gehört *(siehe Seite 84)*. Wenn das Retrotransposon durch Methylierung modifiziert ist, dann ist es inaktiv und stört nicht länger die Expression des Agouti-Gens, sodass dieses am richtigen Ort und zum richtigen Zeitpunkt zur Wirkung kommt, gelb-schwarz gestreifte Haare wachsen lässt und der Maus ein agoutifarbenes Fell verleiht. Ebenso wird verhindert, dass die Maus fettleibig, diabetisch und von Tumoren angegriffen wird. Häufig wird das Retrotransposon jedoch nicht vollständig in jedem einzelnen Haar neutralisiert, son-

dern nur teilweise. Denn zu seiner kompletten Neutralisierung ist viel Methyl erforderlich.

Im Genom eines jeden einzelnen Haares kann die
Sequenz des Retrotransposons an neun verschiedenen Stellen methyliert werden. Nur wenn dies an allen
neun Stellen der Fall ist, kommt es zur totalen Neutralisierung. Sind nur ein paar Stellen methyliert, wird
das Fell gelb dominiert, und es gibt nur einige Agouti-
Flecken; sind hingegen die meisten Stellen methyliert,
wird das Fell pseudo-agouti mit einigen gelben Flecken. Nur wenn alle neun Stellen in allen Zellen perfekt methyliert sind und das Retrotransposon damit
völlig inaktiv bleibt, wird die Maus ein einheitlich
agoutifarbenes Fell haben.

Der erstaunlichste Aspekt dieses Phänomens der
epigenetischen Regulierung aber ist, dass sie durch
die Ernährung beeinflusst wird. Dies konnte an denselben A^{vy}-Agutis gezeigt werden. Die Versuchsanord-
nung bestand darin, männliche Träger des Agouti-
Gens A^{vy} mit »wilden« Weibchen mit schwarzem Fell
zu kreuzen.[14] Zwei Wochen vor der Kreuzung erhielten die Weibchen entweder normale Nahrung ohne
Zusätze oder Futter, das mit für die Methylierung nötigen Kofaktoren angereichert war wie Vitamin B9 (Folsäure), Vitamin B12 (Cobalamine), Cholinchlorid oder
Betain. Diese Ernährungsweise wurde während der
gesamten Trächtigkeit, die etwa 21 Tage dauert, beibehalten, ebenso nach der Geburt während der Lakta-
tion und noch mehrere Wochen nach der Stillzeit. Die
auf diese Weise von den Kleinen prä- und postnatal

aufgenommenen Methylreste modifizieren das Methylierungsprofil der DNA des gesamten Genoms, einschließlich des Retrotransposons, welches die Expression des Agouti-Gens stören kann. Die Futterzusätze führen so zur Neutralisierung des Retrotransposons.

Der Effekt auf die Fellfarbe spricht eine deutliche Sprache: Die Tiere, deren Mütter angereicherte Nahrung erhielten, haben häufiger ein agoutifarbenes Fell als jene, deren Mütter normales Futter bekamen. Das erklärt sich aus der Tatsache, dass die Methylreste in der Nahrung auf dem Retrotransposon fixiert sind, dieses deaktiviert und so seine Wirkung auf das Agouti-Gen verhindert haben. Da die Methylierung im Allgemeinen aber nicht in jedem Haar vollständig ist, ist eine breite Fächerung der Fellfarben zu beobachten, von vollständig gelb über gelb-agouti gefleckt bis zu komplett agoutifarben. Dies zeigt deutlich, dass über den Umweg der Ernährung das Methylierungsniveau eines bestimmten Gens geändert werden und zu einem bei den Nachkommen zu beobachtenden Phänotyp führen kann.

Diese Arbeiten unterstreichen damit die Bedeutung, welche die Ernährung ab den ersten Lebenstagen langfristig für den Organismus hat. Die einfache Ergänzung der Ernährung während der fötalen und der postnatalen Phase durch bestimmte Nährstoffe kann tatsächlich eine dauerhafte Wirkung auf die DNA der Nachkommen erzielen.

Folsäure und Schwangerschaft

Die Erkenntnis, dass die Ernährung das epigenetische Profil der Zellen des Organismus beeinflussen und die Aktivität bestimmter Gene verändern kann, führte zu der Hypothese, dass die
Ernährung beim Menschen zu therapeutischen
Zwecken eingesetzt werden kann. So kann die
zusätzliche Einnahme von Folsäure auf die
epigenetischen Mechanismen wirken, die das
Genom während der embryonalen Entwicklung
steuern. Folsäure oder Vitamin B_{12} spielen eine
wichtige Rolle beim Prozess der DNA-Methylierung und sind einer der am besten überprüf-
ten Faktoren in der Ernährung werdender Mütter schon vor Beginn der Schwangerschaft und
während des ersten Trimesters. Wir wissen heute
in der Tat, dass ein Folsäuremangel das Risiko
für Missbildungen des Neuralrohrs erhöht, dem
röhrenförmigen Keim des zentralen Nervensystems, und zur Fehlbildung Spina bifida führen kann, die unter anderem eine Lähmung der
Beine zur Folge hat.

Randy Jirtle, emeritierter Professor für Epigenetik der Duke University, der zahlreiche Studien
mit Mäusen durchgeführt hat, hebt hervor: »Die
Wissenschaftler wissen seit Langem, dass das,
was eine werdende Mutter isst – ob es sich um
Mäuse oder Fruchtfliegen oder Menschen han-

delt –, starke Auswirkungen auf die Gesundheit ihrer Nachkommen haben kann. Aber warum das so ist, haben wir bislang nicht verstanden.«

Heute weiß man, dass sich dies durch epigenetische Mechanismen erklären lassen könnte.

Pestizide: Unsere Kinder und Enkel tragen die Konsequenzen

Nicht nur unsere Ernährungsweise hat einen Effekt auf unsere Kinder und Enkel: Dies gilt auch für Gifte in unserer Umwelt. Eine mit Mäusen durchgeführte Studie hat etwa gezeigt, dass Bisphenol A (BPA), ein Inhaltsstoff von Babyfläschchen und anderen Plastikprodukten, Entwicklungsschäden von einer Generation zur nächsten verursacht.[15] Im Jahr 2015 wurde BPA als Inhaltsstoff von Kunststoffgegenständen des täglichen Gebrauchs in Frankreich verboten,[16] in Deutschland hingegen ist es nach wie vor erlaubt. Die Verabreichung von BPA an trächtige Mäuse ruft makroskopische chromosomale Anomalien in den Eizellenanlagen ihrer weiblichen Föten hervor. Als erwachsene Mäuse weisen diese Weibchen ein erhöhtes Risiko auf, anormale Embryos hervorzubringen.

Andere Studien, die amerikanische Forscher zu den Auswirkungen von Pestiziden durchführten, zeigen, dass die Verabreichung von Stoffen wie Vinclozolin und Methoxychlor (zwei heute in der EU verbotene endokrine Disruptoren, die als Fungizide insbesondere im Weinbau verwendet wurden) an trächtige Ratten während sechs Tagen zu einem Absinken der Fruchtbarkeit ihrer männlichen Nachkommen führt.[17] Die Jungen dieser Männchen weisen ihrerseits defekte Spermien auf und übertragen diese Anomalie auf ihre eigenen Jungen, obwohl keine einzige ihrer Zellen dem Pestizid direkt ausgesetzt war.

In jeder Generation wurden epigenetische Veränderungen in den Spermien festgestellt. 90 Prozent der Männchen waren von diesen Anomalien betroffen, über vier Generationen hinweg! Diese Ergebnisse gaben zu denken, insbesondere zu einer Zeit, da man seit 40 Jahren ein Absinken der Spermienkonzentration konstatierte sowie einen Anstieg von Hodenkrebs und Anomalien der männlichen Sexualorgane.

Auch die Auswirkungen von Stress und Traumata übertragen sich!

Können sich, abgesehen von »externen« Faktoren wie der Ernährungsweise oder der Belastung durch Pestizide, auch »interne« Faktoren wie Stress oder die Auswirkungen von Traumata übertragen?

Psychische Störungen gehören beim Menschen zu den komplexesten Erkrankungen und sind mit am schwierigsten zu erfassen, zu diagnostizieren und zu behandeln. Viele psychische Krankheiten wie eine schwere Depression, eine bipolare Störung oder Persönlichkeitsstörungen haben zudem eine ausgeprägte erbbedingte Komponente. Zugleich sind sie in hohem Maße mit den jeweiligen Lebensbedingungen verknüpft. Traumatische Ereignisse, chronischer Stress, verbale, physische oder sexuelle Gewalt, aber auch emotionale Vernachlässigung sind innerfamiliäre Risikofaktoren. Sie können emotionale und kognitive Störungen hervorrufen, besonders wenn das traumatische Erlebnis früh im Leben eintritt.

Trotz zahlreicher Studien war es bis heute nicht möglich, die diesen Krankheiten zugrunde liegenden Gene zu identifizieren. Mittlerweile ist anerkannt, dass epigenetische Faktoren in großem Umfang beteiligt sind. Doch es dauerte bis Anfang der 2000er-Jahre, bis begonnen wurde, diese Hypothese durch Experimente zu überprüfen. Stück für Stück haben die Forschungsergebnisse seitdem erwiesen, welche Mechanismen beteiligt sind, wenn sich in der Kindheit erlebte traumatische Ereignisse über Generationen hinweg auf die psychische Gesundheit auswirken.

Vererbung oder Übertragung?

Depressivität, Jähzorn, Angst, Phobie – sie können von den Eltern geerbt, aber auch auf familiärem, sozialem oder kulturellem Weg erworben sein. Es existieren unterschiedliche Übertragungswege. Auf den Fötus wirken Signale von innerhalb der Gebärmutter, Nährstoffe sowie

Schall, all dies kann Auswirkungen auf das Verhalten im späteren Leben haben. Nach der Geburt beeinflussen die elterliche Fürsorge und das familiäre Umfeld das Verhalten. Auch kognitive Prozesse der Imitation können über die Spiegelneuronen Wirkung zeigen. Letztere werden aktiv, wenn wir eine Handlung vollziehen oder eine andere Person dabei beobachten, auch wenn wir selbst nicht tätig werden. So kann bei der Übertragung von Charaktereigenschaften zwischen Individuen auf mehr oder weniger bewusste Weise eine ganze Gruppe von verhaltensmäßigen, sozialen, psychologischen und/oder hormonellen Parametern ins Spiel kommen. Fehlen diese Parameter oder verschwinden sie, findet keine Übertragung statt.

Die eigentliche Vererbung erworbener Charaktereigenschaften hingegen hängt von den Keimzellen und von epigenetischen Veränderungen in diesen Zellen ab. Diese Modifikationen werden durch Umweltfaktoren ausgelöst und beinhalten keine Änderungen des genetischen Codes. Sie können stabil sein und bei der Befruchtung auf den Embryo übertragen werden. Sie haben funktionelle Konsequenzen bei den Nachkommen und können das Verhalten über mehrere Generationen hinweg beeinflussen, ohne dass der ursprüngliche Auslöser erneut wirksam geworden wäre.

Die mit Mäusen durchgeführten Versuche zeigen also, dass die epigenetischen Mechanismen auf bleibende Weise das Verhalten im späteren Leben beeinflussen können, wenn die Tiere schon früh einem Trauma ausgesetzt waren. Sie belegen darüber hinaus, dass bestimmte epigenetische Veränderungen, einmal ausgelöst, von einer Generation auf die nächste übertragen werden können *(Näheres zu diesen Forschungsarbeiten siehe Seite 89)*. Zwar steht der sichere Beweis noch aus, dass die Auswirkungen von Traumata beim Menschen ebenso wie bei Mäusen übertragen werden können, doch eröffnen diese Ergebnisse ein Forschungsgebiet von größter Bedeutung für den Menschen.

Das Konzept, dem zufolge die epigenetischen Mechanismen den komplexen Hirnfunktionen und den Verhaltensreaktionen zugrunde liegen und teilweise für psychische Störungen und deren Übertragung von einer auf die nächste Generation verantwortlich sind, ist sowohl in der Biologie als auch in der Medizin noch jung. Es sprengt die klassischen Rahmenvorstellungen und bietet neue Lösungsansätze für die ungelöste Frage nach dem genetischen und/oder umweltbedingten Ursprung der Hirnfunktionen, psychischer Störungen und ihrer Erblichkeit.

Auf der Grundlage einer Kooperation von Wissenschaftlern in mehreren europäischen Ländern und in den USA haben mehrere Forschungslabore Kohortenuntersuchungen gestartet, die von Traumata betroffene Menschen in den Blick nehmen. Dabei handelt es

sich um Traumata verschiedenen Typs, zu denen Kindheitstraumata sowie mit Terrorismus oder Krieg ver-
bundene Traumata gehören. Diese präklinischen und
klinischen Forschungen revolutionieren das Gebiet
der Biologie und der Psychiatrie und eröffnen ganz
neue Perspektiven darauf, wie sich die Folgen solcher
Lebenserfahrungen auf das Gehirn und den Organismus besser verstehen lassen. Sie werden auch zur Entwicklung neuer diagnostischer und prognostischer
Werkzeuge beitragen und vielleicht sogar den Grund-
stein neuer Therapieansätze legen.

Die Ergebnisse dieser Forschungen sind extrem
wichtig, um den Einfluss besser zu verstehen, den die
Umwelt auf uns Menschen ausübt – und auch auf dessen Tragweite für die Gesellschaft, nicht allein im Hinblick auf die psychische wie physische Gesundheit,
sondern auch in Bezug auf soziale Determinierungen
von einer Generation zur nächsten.

ZWEITER TEIL Die epigenetische Übertragung

Die Umweltfaktoren hinterlassen Spuren auf unseren Genen, Spuren, die sich dann von einer Generation auf die nächste übertragen können. Aber wie funktioniert dieser Prozess konkret? Wie kann das, was wir essen, wie können die Stresserfahrungen, die wir machen, die Pestizide, denen wir ausgesetzt sind, und wie kann auch die Luft, die wir atmen, einen Einfluss darauf ausüben, wie sich unsere Gene exprimieren oder ob sie stumm bleiben? Wie können sich die epigenetischen Marker, die durch unsere Umwelt und unsere Lebensweise geformt wurden, anschließend auf unsere Kinder und potenziell auch auf spätere Generationen übertragen? Welche unterschiedlichen Prozesse sind hier am Werk? Und vor allem: Sind diese epigenetischen Veränderungen auf die eine oder andere Weise reversibel?

Das sind einige der faszinierenden Fragen, die von der voll in Entwicklung begriffenen Wissenschaft der Epigenetik gestellt werden.

Wie die Gene gesteuert werden

Um die bei der Steuerung der Gene beteiligten Mechanismen gut zu verstehen, müssen wir uns ein paar Dinge über ihre Rolle und ihre Funktionsweise in Erinnerung rufen.

Von der DNA zum Protein: die Etappen der Genexpression

Wie wir gesehen haben, ist jeder Mensch zu einem Teil durch sein Genom, die Gesamtheit seiner Gene, bestimmt – durch die etwa 20 400 codierenden Gene, die 1 Prozent des Genoms ausmachen, und durch bestimmte nicht codierende Sequenzen, die als nicht codierende Gene bezeichnet werden (davon gibt es etwa 22 100). Die DNA-Sequenzen der Gene beinhalten alle Informationen, welche die Bildung der Proteine, der »Bausteine des Lebens«, ermöglichen.

Die DNA ist ein langes Makromolekül, beim Menschen misst es etwa zwei Meter. Das Molekül setzt sich aus zwei Fäden zusammen, die die Struktur einer Doppelhelix bilden. Diese Doppelhelix trägt den genetischen Code. Die genetische Information hängt von der Reihenfolge der vier Nukleotide ab, welche die DNA-Sequenz bilden. Jeweils zwei davon sind kompatibel zueinander, wodurch nur folgende Paarungen möglich sind: Adenin mit Thymin und Guanin mit Cytosin. Das nennt man »Komplementarität der Basen«.

Die Expression eines Gens, also die Entschlüsselung seiner Sequenz und des Codes, den es enthält, um Proteine zu bilden, verläuft in zwei Schritten.

Erster Schritt: die Transkription

Dieser erste Schritt besteht darin, aus der DNA-Sequenz eines Gens, ob codierend oder nicht codierend, RNA zu synthetisieren. Diese Synthese vollzieht sich im Zellkern. Von Boten-RNA oder mRNA (*messenger RNA*) spricht man, wenn diese von einem codierenden Gen stammt, weil die DNA in eine konforme Kopie transkribiert wird, welche die für die Bildung eines Proteins nötige Information wie ein Bote weitergibt. Nach der Transkription der DNA in eine Rohkopie, die Prä-mRNA, werden bestimmte regulative Sequenzen, die nach der Transkription nicht mehr benötigt werden, entfernt, ein Prozess, der sich »Spleißen« nennt.

Ist dieser Reifungsprozess abgeschlossen, verlässt die mRNA den Zellkern, während das DNA-Original dort genau in seinem ursprünglichen Zustand erhalten bleibt. Zwar enthält die mRNA den für die Bildung der Proteine nötigen Code, aber es ist wichtig zu wissen, dass nicht nur DNA-Sequenzen, die codierende Gene sind, transkribiert werden. Die DNA zwischen den Genen, also die Sequenzen, die die nicht codierenden Gene enthalten, wird ebenfalls transkribiert und

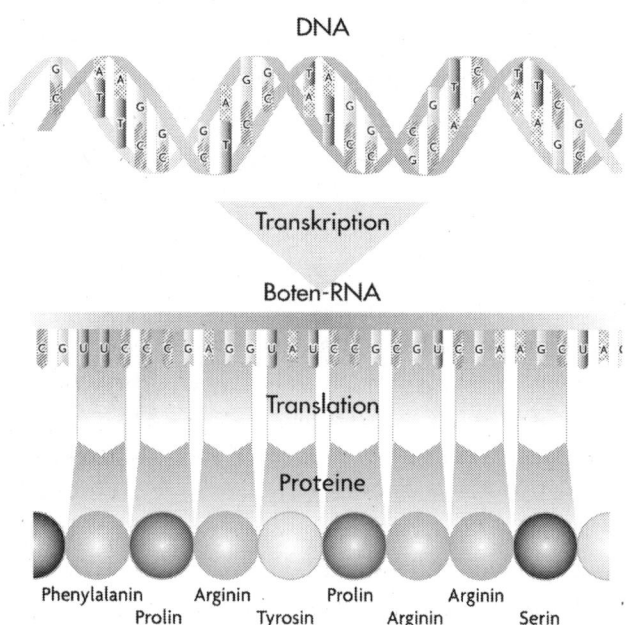

Die Schritte der Transkription und der Translation, die vom Gen zum Protein führen

bildet eine große Menge an RNA-Molekülen. Dieser Teil der RNA führt jedoch nicht zu Proteinen, eben weil er nicht codierend ist.

Zweiter Schritt: die Translation

Der zweite Schritt besteht darin, dass die mRNA gelesen wird, um das Protein zu bilden. Nach dem »Umschreiben« des DNA- in den mRNA-Code wird dieser nun in eine Sequenz von aufeinanderfolgenden Aminosäuren »übersetzt«. Diese Übersetzung (Translation) der mRNA in Protein vollzieht sich mithilfe der Ribosomen (großer, komplexer Proteine), die die Fähigkeit haben, die in der mRNA enthaltene Information zu decodieren. Dazu heften sich die Ribosomen an die mRNA und gleiten an deren Sequenz entlang, um jede ihrer Basen zu lesen und diese jeweils in Dreiereinheiten (»Basentriplett«) zu decodieren. Jedes Basentriplett entspricht dabei einer bestimmten Aminosäure nach dem sogenannten »Codon«-Prinzip: Das Triplett TGG codiert zum Beispiel für Tryptophan, AAA oder AAG für Lysin. Jede Aminosäure wird durch eine Transfer-RNA (tRNA) vermittelt und wird so an die vorhergehenden Aminosäuren angehängt, wie dies von der mRNA abgelesen wird. Alle Aminosäuren hängen sich so eine an die andere, um im Zytoplasma ein Protein zu bilden. Sobald alle nötigen Aminosäuren versammelt sind, nimmt das entstandene Protein eine dreidimensionale Gestalt an, wie sie seiner Funktion entspricht.

Die Mehrheit der Proteine muss anschließend modifiziert werden (posttranslationale Modifikation, PTM), indem verschiedene Reste (wie Phosphorylgruppen, Zucker oder andere biochemische Zusammensetzungen) an bestimmte Aminosäuren angefügt werden, um eine fein abgestimmte und spezifische Regulierung zu erreichen. Die Proteine können danach im Zytoplasma verbleiben, oder sie dringen wieder in den Zellkern ein, sofern sie für dessen Funktionen gebraucht werden, oder sie werden in eines der Zellkompartimente transportiert, im Falle der Neuronen zum Beispiel in die Nervenendigungen.

Genexpression oder stummes Gen?

Die in unserem Genom vorkommenden Gene sind nicht alle gleichzeitig und nicht alle in denselben Zellen aktiv. So werden einige während der Entwicklung gebraucht, andere hingegen sind nur für spezielle Funktionen in bestimmten Zelltypen von Nutzen (die für Insulin codierenden Gene zum Beispiel in den Zellen der Bauchspeicheldrüse). Die epigenetischen Faktoren sind es dann, die sich darauf auswirken, ob das Genom aktiv oder inaktiv ist, ob Gene exprimiert werden oder nicht. Die epigenetischen Faktoren unterliegen wiederum selbst dem Einfluss der Umweltfaktoren.

Die wichtige Frage lautet daher: Was führt dazu, dass ein Gen aktiv ist, exprimiert wird oder aber stumm bleibt?

Um dies zu verstehen, müssen wir etwas weiter – sogar hinter den Prozess der Genexpression – zurückgehen, zurück ins Herz der DNA.

Jede Körperzelle enthält in ihrem Zellkern 23 Chromosomenpaare. »Entrollt« man ein Chromosom, stellt man fest, dass es aus DNA besteht, die um Proteine (sogenannte Histone) gewickelt ist. Die Histon-Spule und die darum gewickelte DNA bezeichnet man zusammen als »Nukleosom«. Die Gesamtheit der Nukleosome nennt man »Chromatin«. Damit sie in einem Chromosom und im Zellkern »hält«, ist die DNA kondensiert. Es gibt unterschiedliche Zustände der Kondensation beziehungsweise der Dekondensation:

• Im lockeren oder dekondensierten Zustand ist das Chromatin offen; man spricht von »Euchromatin«.

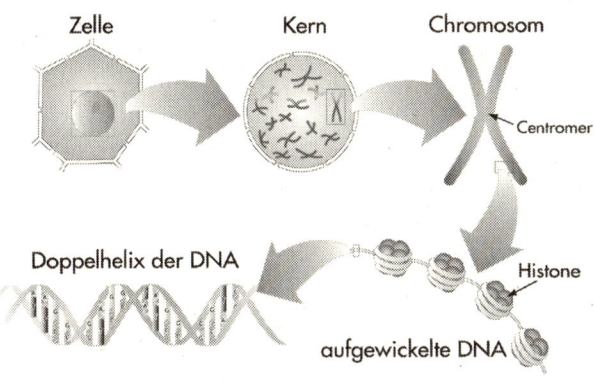

Die DNA: Träger der genetischen Information

- Im verdichteten oder kondensierten Zustand ist das Chromatin geschlossen; hier spricht man von »Heterochromatin«.

Dieser Kondensationszustand bestimmt, ob ein Gen aktiv oder stumm ist. Ist die DNA eines Gens dekondensiert oder offen, ist sie der Maschinerie, die sie in RNA transkribieren kann, zugänglich. In kondensiertem, geschlossenem Zustand hingegen ist sie dieser Maschine kaum oder gar nicht zugänglich. Sie wird daher nur ansatzweise oder überhaupt nicht transkribiert werden.

Drei Grundtypen der epigenetischen Mechanismen

Der Übergang des Chromatin vom geschlossenen zum lockeren Zustand ist eine unerlässliche Voraussetzung für das Lesen der DNA und ihre Transkription in mRNA (für die Gene) und in nicht codierende RNA (für die übrigen Sequenzen). Auch wenn sich das Prinzip der Kondensation und der Dekondensation relativ einfach verstehen lässt, sind es hochkomplexe Mechanismen, die diesen Übergang von einem Zustand zum anderen erlauben. Sie beziehen die Einwirkung der epigenetischen Faktoren mit ein.

Die epigenetischen Faktoren bei den Säugetieren sind sehr zahlreich und unterschiedlich. Es gibt sie in Form biochemischer Modifikationen, sogenannter

Marker, die entweder der DNA selbst oder den mit ihr verbundenen Histonen hinzugefügt werden. Es kann sich dabei auch um Moleküle um die DNA herum handeln, insbesondere solche der RNA. Zusammen bilden diese Faktoren einen hochkomplexen epigenetischen Code, der für jedes Gen spezifisch und – abhängig von den Bedürfnissen und dem Zustand der Zelle – modifizierbar ist. Ihre Funktion besteht darin, auf dynamische Weise umzustrukturieren, wie die Interaktionen zwischen den Nukleosomen verlaufen, indem sie diese einander annähern oder voneinander entfernen oder, anders gesagt, indem sie das Chromatin schließen oder öffnen. Die epigenetischen Faktoren wirken also auf den Kondensationsgrad ein und beeinflussen so, ob die DNA in RNA transkribiert werden kann oder nicht.

Die gegenwärtig am besten bekannten und am eingehendsten erforschten epigenetischen Mechanismen sind die folgenden drei; es gibt jedoch auch weitere, deren Rolle noch nicht genau bestimmt ist. Die ersten beiden wurden während der 1940er- und 1950er-Jahre entdeckt:

- Die Methylierung. Bei diesem Prozess wird den Cytosinen der CpG-Dinukleotidsequenzen (Cytosin-Phosphat-Guanin) eine Methylgruppe hinzugefügt. Je nach Anzahl der Cytosine in einer bestimmten DNA-Sequenz und je nach ihrer Position – in einer für die Genregulierung wichtigen Region oder einer weiter entfernten Region des Gens – wird ihre

Methylierung in die Genaktivität eingreifen können und das Gen in der Regel stumm machen. Die Methylierung begünstigt nämlich die Verdichtung des Gens. Umgekehrt wird ein nicht methyliertes Gen sich tendenziell öffnen und aktiv sein.

- Die Histonmodifikation. Biochemische Reste hängen sich an verschiedene Stellen der Proteine und haben eine kombinatorische Wirkung auf ihren Aufbau. Je nach Art der Modifikationen und ihrer Kombination öffnen oder schließen sie das Chromatin an der Stelle, an der sie sich befinden. Wie man heute weiß, begünstigt eine schwache Methylierung in Verbindung mit bestimmten Histonmodifikationen die Öffnung des Chromatins und damit die Transkription.

- Die dritte Art von Faktoren, welche die Genomaktivität steuern, wurde erst in jüngerer Zeit entdeckt: Hier handelt es sich um nicht codierende RNA, transkribiert aus DNA-Sequenzen außerhalb codierender Gene. Diese RNA-Ketten können von geringer oder größerer Länge sein. In jeder Zelle kommen sie in einer ungeheuren Vielfalt vor, und ihre Verteilung ist je nach Zelltyp und Zustand der Zelle unterschiedlich. Sie bilden für sich genommen ein eigenes ganzes Universum, das zahlreiche versteckte Funktionen birgt.

Ein Eingriff an verschiedenen Stellen des Chromatins

Das nachstehende Schema illustriert die drei Grundtypen der Modifikationen am Beispiel einer Nervenzelle des Gehirns. Wie alle anderen Zellen hat sie einen Zellkern, der die Chromosomen enthält. Entrollt man diese, lässt sich das Chromatin erkennen, das sich aus der um die Histone gewickelten DNA zusammensetzt, um wie die Perlen eines Colliers die Nukleosome zu bilden.

Die DNA selbst wiederum setzt sich aus einer Abfolge von Genen zusammen, die durch zahlreiche intergenetische Sequenzen getrennt sein können (der Bereich zwischen den als Gen 1 und

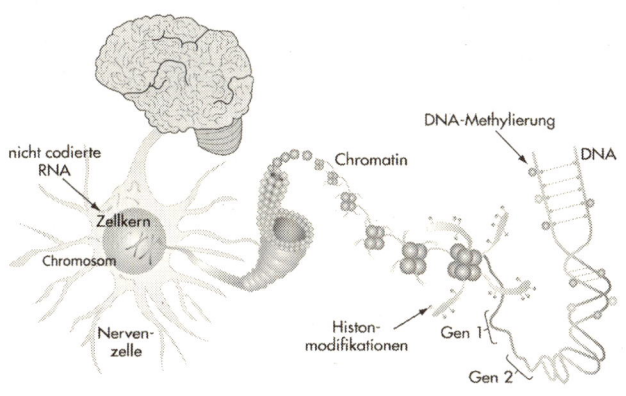

Drei Typen der epigenetischen Mechanismen

Gen 2 gekennzeichneten Sequenzen zum Beispiel). Die drei wesentlichen epigenetischen Faktoren können auf gleicher Höhe des Chromatins
gleichzeitig auf dasselbe Gen wirken und sind
alle zur gleichen Zeit präsent.

Diese epigenetischen Mechanismen können Veränderungen der Körperzellen, also der Zellen aller Organe
(Haut, Leber, Niere, Gehirn usw.), aber auch der Keimzellen (Ei- und Samenzellen) bewirken.

Doch schauen wir uns einmal an, wie die drei
Grundtypen der epigenetischen Mechanismen eigentlich funktionieren.

Die DNA-Methylierung

Bei der DNA-Methylierung übertragen Enzyme, die
DNA-Methyltransferasen im Inneren der Zelle, eine
Methylgruppe, die aus einem Kohlenstoffatom und
drei Wasserstoffatomen (CH_3) besteht, auf die Cyto-
sine der CpG-Dinukleotidsequenzen der DNA. Die
Methylierung des Gens macht dieses unleserlich: die
Transkription kann nicht stattfinden, und das Gen
kann nicht exprimiert werden.

Eine andere Methylierung bei jedem Zelltyp

Jeder Zelltyp (Muskel-, Blut-, Leber-, Haut-, Herzzelle etc.) besitzt – obwohl der genetische Code identisch ist – eine spezifische epigenetische Signatur mit Zonen, die nur schwach, und anderen, die stark methyliert sind. Auch innerhalb eines Organs können die Zellen ein unterschiedliches Methylierungsprofil aufweisen, nicht nur während der verschiedenen Entwicklungsphasen, sondern auch im Erwachsenenalter. Darin liegt der Schlüssel für die Differenzierung und die unterschiedlichen Funktionen der Zellen: Damit sie ihre Funktionen am richtigen Ort und zur rechten Zeit entfalten, muss die genetische Information auf spezifische Weise interpretiert werden.

Die CpG-Dinukleotide, die am stärksten der Methylierung unterworfenen Sequenzen der DNA, sind im Genom sehr zahlreich und gruppieren sich im Allgemeinen zu Inseln. Das menschliche Genom zählt ungefähr 28 Millionen CpG-Dinukleotide, die 30 000 Inseln bilden. In den Promotoren, den Sequenzen eines Gens, die wie eine Art Lesekopf auf den codierenden Sequenzen sitzen, sind die CpG-Dinukleotide dicht gedrängt. Zudem werden die Promotoren, der Genkörper selbst und ebenso die Steuerungssequenzen auf beiden Seiten des Gens durch Methylierung gesteuert. Ein Gen setzt sich normalerweise aus dem Promotor, einer codierenden Sequenz und mehreren Steuerungsbereichen zusammen, und jede dieser Regionen muss strikt überwacht sein.

Die DNA-Methylierung wird klassischerweise als ein Mechanismus der Genexpression verstanden, als eine Methode zur Deaktivierung der Transkription. Abgesehen davon, dass diese für die Regulierung der Gene unabdingbar ist, hat sie die wesentliche Funktion, die Stücke fremder Genome von Viren oder Bakterien zu neutralisieren, die in die Zelle eingedrungen sind und unser Genom kolonisieren. Sie dient auch dazu, eine der beiden Kopien des X-Chromosoms der Frau zu deaktivieren.

X, Y und Methylierung

Bei den meisten Säugetieren einschließlich der Menschen ist das Geschlecht durch die Chromosomen X und Y bestimmt. Die Männchen haben ein X- und ein Y-Chromosom, die Weibchen hingegen zwei X-Chromosomen. Die Zellen eines Weibchens weisen also die Gene und Genomsequenzen des X-Chromosoms doppelt auf, im Vergleich zu denen eines Männchens also eine Kopie zu viel. Um diesen Überschuss zu beheben, wird eine der beiden Kopien durch DNA-Methylierung deaktiviert. Der epigenetische Mechanismus ermöglicht, eines der beiden X-Chromosomen stumm zu schalten – und das für das ganze Leben. Der Prozess wurde 1961 von der britischen Genetikerin Mary F. Lyon entdeckt, ihr zum Gedenken wird er bisweilen als »Lyonisierung« bezeichnet. Wird während der Entwicklung des Weibchens nicht eines der beiden X-Chromosomen ausgeschaltet, stirbt der Embryo sehr rasch. Dies zeigt, wie ungeheuer wichtig die richtige Balance bei der Dosierung der Gene ist. Werden zu viele Gene des X-Chromosoms exprimiert, bedeutet dies den sicheren Tod.

Die DNA-Methylierung ist also generell ein Unterdrückungsmechanismus, der die Transkription der Gene verhindert. Aber seine Wirksamkeit hängt von vielen Faktoren ab, zum Beispiel davon, welcher Teil des Gens methyliert ist, wie viele CpG-Dinukleotide methyliert sind und an welcher Stelle des Gens sie sich befinden. Übrigens können bestimmte Teile des Genoms methyliert sein und sind dennoch nicht unbedingt zugleich gehemmt. Auch kann der Grad der Methylierung unabhängig vom Grad der Transkription stark variieren.

Dies ist der Fall, wenn wir unterschiedliche Spezies miteinander vergleichen. Bei den Pflanzen gibt es zum Beispiel eine Methylierung von 50 Prozent, wohingegen über 50 Prozent ihrer Gene aktiv sind. Beim Menschen beträgt der Methylierungsgrad 1 Prozent, beim Champignon 0,5 Prozent und bei der Biene und bei der Drosophila 0,1 Prozent. Bei diesen Abstufungen gibt es jedoch keine direkte Relation zwischen der DNA-Methylierung und der Transkriptionsaktivität. Das Methylierungsprofil eines Gens ist also nur ein Indiz für seine Aktivität, die von anderen epigenetischen Faktoren abhängt wie den Modifikationen der mit der DNA verbundenen Histone und der nicht codierenden RNA. Die Gesamtheit dieser Faktoren wirkt zusammen, um letztlich die Aktivität eines Gens zu bestimmen.

Darüber hinaus kann die Methylierung durch den enzymatischen Prozess der Demethylierung aufgehoben werden, der durch eine ganze Serie von Enzymen mit unterschiedlichen Eigenschaften katalysiert wird. Durch eine Abfolge von Phasen der Oxidation und/oder der Desaminierung begünstigen diese Enzyme die Demethylierung, also den Verlust der Methylradikale. Die Demethylierungsmechanismen sind Gegenstand lebhafter biologischer Forschungen.

Man kann daraus schließen, dass die Steuerung der Genaktivität durch Methylierung und Demethylierung der DNA ein extrem wichtiger und komplexer Prozess ist, der sich von einem Gen zum anderen und von einem Augenblick zum nächsten unterscheiden kann. Dieser dynamische Aspekt, ein großartiger Mechanismus der Funktionsweise des Genoms, ist auch anfällig für Funktionsstörungen: Die meisten Krebszellen haben zum Beispiel ein verändertes Methylierungsprofil.

Aufschlussreich sind die Forschungsarbeiten, die wir mit Mäusen durchgeführt haben, die einer Frühtraumatisierung ausgesetzt gewesen sind. Die wenige Tage alten Mäuse wurden wiederholt und ohne dies vorhersehen zu können von der Mutter getrennt, die zudem ebenfalls unvorhersehbarem Stress ausgesetzt wurde (unvorhersehbare Trennung von der Mutter in Kombination mit unvorhersehbarem Stress der Mutter oder MSUS, *unpredictable maternal separation combined with unpredictable maternal stress*). Diese Arbeiten zeigen, dass bei den traumatisierten Mäusen Symptome von Depression, antisozialem und risikoreichem Verhalten, Gedächtnisstörungen und Stoffwechselveränderungen (insbesondere Unterzuckerung und Fettstoffwechselstörungen) auftreten. Einige dieser Symptome werden bis zur vierten Generation übertragen. Die entscheidende Frage lautet, ob es eine Verbindung zwischen diesen Symptomen bei den Nachkommen und dem Vorhandensein epigenetischer Veränderungen in den Keimzellen der traumatisierten Eltern gibt.

Um diese Frage beantworten zu können, muss die Methylierung in den Keimzellen fein gemessen werden. Heute gibt es Messtechniken, die präzise genug sind, um den Methylierungszustand des gesamten Genoms oder ausgewählter Gene in bestimmten Zellen festzustellen. Eine dieser Techniken nennt sich »Pyrosequenzierung« bisulfitbehandelter DNA. Sie ermöglicht die Messung des Methylierungsgrads der CpG-Dinukleotide in einer ausgewählten DNA-Sequenz in einem Gewebe oder sogar einer individuellen Zelle.

Nehmen wir das Beispiel des Gens CRFR2, das für einen der Rezeptoren eines Stresshormons codiert. In den Samenzellen erwachsener Mäusemännchen, die an jedem Tag ihrer ersten zwei Lebenswochen der MSUS-Traumatisierung ausgesetzt waren, konnten dank der Technologie der Pyrosequenzierung präzise Messungen der DNA-Methylierung eines bestimmten Abschnitts des Gens vorgenommen werden.

Diese Messungen zeigen, dass bei den frühtraumatisierten Mäusemännchen ein erniedrigter Methylierungsgrad bei mehreren CpG-Dinukleotiden im Promotor des CRFR2-Gens vorliegt. Diese Hypomethylierung findet sich in gleicher Weise in den Hirnzellen der Nachkommen der frühtraumatisierten Mäusemännchen wieder. Aber auch die Keimzellen der Nachkommen sind wie bei ihren Vätern davon betroffen. Festzustellen ist damit die gleiche Methylierungsanomalie an der gleichen Stelle der CpG-Insel in den Hirnzellen und in den Samenzellen der frühtraumatisierten Mäusemännchen und ihrer Söhne. Dies geht mit einer Änderung der Expression des Gens im Gehirn einher, die bestimmte aus dem Trauma resultierende Symptome erklären könnte.

Genau wie CRFR2 sind zahlreiche andere Gene hypomethyliert, während andere unverändert und wieder andere hypermethyliert sind. Dies gilt namentlich im Falle eines Gens, das für das Protein MeCP2 codiert, eines Proteins zur epigenetischen Steuerung, das selbst imstande ist, sich an die methylierte DNA anzuhängen. Aber im Gegensatz zu dem, was mit dem

Gen CRFR2 geschieht, führt die Traumatisierung zu einem erhöhten Grad der Methylierung von MeCP2 in den Samenzellen der direkt dem Trauma ausgesetzten Mäusemännchen, aber auch in den Hirn- und Samenzellen ihrer Söhne. Auch hier hat dies eine Änderung der Expression des Gens MeCP2 im Gehirn zur Folge, genau wie beim CRFR2-Gen.

Intergenerationelle Auswirkungen von Traumatisierungen beim Menschen

Forschungen über die epigenetischen Korrelate von Stress oder Traumatisierungen beim Menschen sind erst in jüngster Zeit angestellt worden. Erst vor einigen Jahren haben die Forscher begonnen, das Epigenom traumatisierter Menschen und ihrer Nachkommen zu untersuchen, namentlich von Holocaust-Überlebenden oder Überlebenden des Völkermords in Ruanda sowie ihrer Kinder. Blutuntersuchungen erbrachten dabei erste Belege für Veränderungen der DNA-Methylierung sowohl bei den direkt traumatisierten Personen als auch ihren Kindern.

Zwei eingehendere Studien widmeten sich dem Gen FKBP5, das an der Stressregulierung beteiligt ist. Bei Holocaust-Überlebenden wurde ein erhöhter Methylierungsgrad eines CpG-Rests in einem Promotorbereich dieses Gens festgestellt. Bei ihren Kindern war das gleiche CpG-

Dinukleotid betroffen, aber auf gegenteilige Weise, also durch einen herabgesetzten Methylierungsgrad.

Epigenetische Veränderungen wurden auch bei Frauen beobachtet, die den Völkermord an den Tutsi in Ruanda im Jahr 1994 überlebt haben, und auch bei ihren Kindern. Hier wurde eine vergleichbare Erhöhung des DNA-Methylierungsgrads auf dem Promotor des Gens festgestellt, das für den Rezeptor der Glucocorticoide codiert. Diese ersten, sehr ermutigenden Daten müssen durch weitere Studien zu anderen Genen ergänzt werden, doch bereits jetzt lässt sich sagen, dass es tatsächlich eine mehr oder weniger direkte Verbindung gibt zwischen traumatischen Erfahrungen der Eltern und epigenetischen Veränderungen sowohl bei diesen selbst als auch bei ihren Nachkommen.

Die Frühtraumatisierungen haben also unterschiedliche Konsequenzen hinsichtlich der Methylierung verschiedener Gene, die sich an diversen Stellen der Chromosomen befinden. Eine Gemeinsamkeit besteht jedoch darin, dass die Methylierungsanomalien alle die gesamte Nachkommenschaft betreffen, im Gegensatz zur klassischen Vererbung nach Mendel, bei der nur die Hälfte der Nachkommen betroffen ist. Das erklärt sich dadurch, dass so gut wie alle Samenzellen ein verändertes Methylierungsprofil aufweisen, was zur Übertragung der Symptome auf die gesamte Nachkommenschaft führt.

Die Ergebnisse dieser Pionierforschungen mit Labormäusen legen nahe: Wer ein Kindheitstrauma erleidet, kann eine Veränderung der epigenetischen Markierung der DNA erfahren, die zahlreiche Zellen betrifft – für den Rest seines Lebens und selbst noch in Bezug auf die folgende Generation.

Die Histonmodifikation

Die Möglichkeit, dass die Histonmodifikationen an der epigenetischen Übertragung beteiligt sein könnten, wurde an Ratten in Zusammenhang mit Drogenabhängigkeit untersucht. Männliche Ratten, die mittels eines Systems der intravenösen Autoinjektion kokainabhängig gemacht wurden, bekommen Nachkommen, deren Reaktion auf Kokain verändert ist. Im Gegensatz zu ihren Vätern jedoch entwickeln die Jungen, wenn sie erwachsen sind, eine erhöhte Empfindlichkeit gegenüber der Droge; sie benötigen geringere Dosen, damit die gleiche Wirkung eintritt, eine Form der Anpassung. Davon zu unterscheiden ist der bei Menschen zu beobachtende Effekt, dass der Drogenkonsum durch die Eltern häufig eine Form der Abhängigkeit bei den Kindern erzeugt.

Der Kokainkonsum der süchtigen Ratten führt zu einer epigenetischen Veränderung, welche die Histone in den Keimzellen betrifft. Der Acetylierungsgrad des Histons H3 ist bei den Männchen erhöht, insbesondere auf dem Promotor des Gens BDNF, der zu den Nervenwachstumsfaktoren gehört. Diese Abweichung findet sich auch in den Gehirnen der Nachkommen wieder, was darauf hindeutet, dass die durch den Kokainkonsum des Vaters ausgelöste Veränderung sich auf die Nachkommenschaft überträgt.

Es handelt sich dabei um die bislang einzige Studie, die einen intergenerationellen Effekt auf Histone belegt und die, so ermutigend sie ist, durch weitere Forschungsarbeiten noch zu bestätigen ist.

Die nicht codierenden RNAs

Über die DNA-Methylierung und die Histonmodifikation hinaus belegen immer mehr Daten die Bedeutung eines dritten Faktorentyps: der nicht codierenden RNAs. Sie werden nicht immer als epigenetische Faktoren im eigentlichen Sinne betrachtet, weil sie sich anders als die zwei zuvor beschriebenen nicht direkt auf der DNA befinden, doch sie kreisen um die DNA im Zellkern und sind auch im Zytoplasma präsent. Es handelt sich um wesentliche Regulatoren zur Steuerung der Genaktivität, die eine entscheidende Rolle spielen.

Bei den Mäusen, die nach ihrer Geburt traumatisiert wurden, sind über die Methylierungsanomalien *(siehe Seite 89)* hinaus auch die nicht codierenden RNAs in den Keim-, Hirn- und Blutzellen auf mar-

kante Weise verändert. Dank einer besonders leis-
tungsstarken Sequenzierungstechnik konnte beobachtet werden, dass zahlreiche microRNAs und lange
RNAs in den Samenzellen der traumatisierten Mäusemännchen entweder überhäufig oder in zu geringer
Zahl vorkamen. Manche dieser RNAs fanden sich in
anormaler Quantität auch im Gehirn und im Blut der
traumatisierten Mäusemännchen und obendrein auch
im Gehirn und im Blut ihrer Nachkommen.

Ganz wie bei der DNA-Methylierung, die von einer
Generation zur nächsten in verschiedenen Gewe-
ben je nach Gen anormal erhöht oder vermindert ist,
sind also auch die nicht codierenden RNAs patholo-
gisch verändert. Erwähnt sei hierbei die Bedeutung der
Stichhaltigkeit der Resultate im Serum, das – wie beim
Menschen – eine leicht zugängliche biologische Flüs-
sigkeit ist. Dies ermöglicht schnelle und einfache Analysen, was einen großen Vorteil zum Beispiel für die
Diagnostik darstellt.

Angesichts dieser Effekte stellt sich die wichtige
Frage, ob die Anomalien der Methylierung und der
Genexpression funktionelle Konsequenzen für die
Aktivität des Genoms in Verbindung mit den Symptomen haben. Das ist in der Tat wahrscheinlich. Wir
wissen zum Beispiel, dass die microRNA375 im Fall
von Stress erhöht ist. Injiziert man einer Maus Cor-
ticosteron (ein von den Nebennieren abgesondertes
Hormon, das insbesondere für die Stoffwechselregu-
lierung, das Stressverhalten und das Gedächtnis eine
Rolle spielt), löst dies eine ziemlich intensive Stress-

reaktion aus. Untersucht man das Gehirn dieses Tiers nach einigen Minuten, stellt man fest, dass die Quantität der microRNA375 gestiegen ist. Es gibt also eine direkte Korrelation zwischen einer Stressreaktion und einem Überschuss dieser microRNA im Gehirn. Dies deutet auf eine funktionelle Verbindung zwischen beiden hin.

Warum Schokolade nicht die Ursache für den Nobelpreis ist

In der Biologie wie in vielen anderen Disziplinen oder sogar auch im Alltagsleben ist es unabdingbar, eine Verbindung zwischen Ursache und Wirkung herzustellen, um die Ereignisse und Dinge um uns herum wirklich zu verstehen. Nehmen wir ein einfaches Beispiel: Die Schweiz ist das Land, in dem man am meisten Schokolade isst. Sie ist zudem eines der Länder mit den meisten Nobelpreisen. Lässt sich daraus schließen, dass Schokolade die Ursache für die Nobelpreise ist? Ganz offensichtlich nicht. In diesem Fall liegt keine Kausalverbindung vor.

Bezogen auf die Epigenetik heißt das: Die Ergebnisse von mit Tieren oder Menschen durchgeführten Untersuchungen belegen im Sinne einer Korrelation, dass es eine Beziehung gibt zwischen epigenetischen Veränderungen und den Auswirkungen eines erlittenen Traumas oder endokriner Disruptoren, sowohl bei den direkt Betroffenen als auch bei ihren Nachkommen.

Beides tritt plötzlich auf, ohne dass zwingenderweise eine direkte Kausalverbindung bestünde. Um zu dem Schluss zu kommen, dass die epigenetischen Mechanismen für die Symptome und ihre Übertragung verantwortlich sind, muss der Beweis eines Kausalzusammenhangs erbracht werden.

Dies gelingt am besten, wenn die Effekte experimentell reproduziert werden können. Im vorliegenden Fall hieße das, dass man versuchen müsste, die veränderten epigenetischen Mechanismen zu manipulieren, das heißt in erster Linie die DNA-Methylierung und die nicht codierenden RNAs.

Was sind die Auswirkungen von Veränderungen der Methylierung?

Die Antwort bleibt zunächst offen. Für eine wissenschaftliche Beweisführung müsste man imstande sein, das Epigenom in den Zellen zu manipulieren und die unterschiedlichen und vielfältigen molekularen Änderungen wirklich zu reproduzieren. Die Veränderungen sind jedoch komplex, insbesondere in Bezug auf die DNA-Methylierung. Spektakuläre Fortschritte bei der Manipulation am lebenden Objekt, die in jüngster Zeit erzielt wurden, haben jedoch Möglichkeiten eröffnet, die bis vor Kurzem noch undenkbar waren. Mittlerweile ist es möglich, das Epigenom und namentlich die DNA-Methylierung zu manipulieren.

Eine der Technologien, die dies ermöglicht, basiert

auf dem revolutionären System CRISPR-Cas9, das ursprünglich entworfen wurde, um den Gencode von Zellen *in vitro* und *in vivo* zu manipulieren. Von Bakterien her stammend, wurde CRISPR-Cas9 so entwickelt, dass es in Säugetierzellen funktioniert. In seiner Ursprungsversion ermöglichte es, DNA-Sequenzen an einer ganz präzisen Stelle zu kopieren, einzufügen oder zu modifizieren, zum Beispiel in einem spezifischen Bereich eines bestimmten Gens. Doch über diese Version hinaus wurden jüngst neue und erfinderische Varianten dieses Systems emtwickelt, um nicht mehr das Genom, sondern das Epigenom manipulieren zu können, ohne den genetischen Code selbst anzurühren.

Es ist bereits gelungen, mit dem System CRISPR-dCas9 das epigenetische Gepäck von Säugetieren zu manipulieren, sowohl von Zellen *in vitro* als auch von Mäusen *in vivo*, zum Beispiel im Gehirn. Das Verfahren ist noch sehr neu, doch dürfte es in naher Zukunft ermöglichen, Beweise dafür zu erbringen, dass zwischen Veränderungen des DNA-Methylierungsgrads eines Gens, der Aktivität dieses Gens und den Konsequenzen auf den Organismus ein Kausalzusammenhang besteht.

Die Manipulation des Genoms

Der technologische Fortschritt in der Molekularbiologie hat es ermöglicht, effiziente Werkzeuge zu entwickeln, um das Genom in Zell- oder

Gewebekulturen und sogar bei lebenden Organismen zu manipulieren. Die Methoden erlauben es, eine oder mehrere Sequenzen ins Visier zu nehmen und herauszuschneiden, zu ergänzen, zu modifizieren oder bestimmte Gene zu korrigieren, um ihre Expression wiederherzustellen oder zu unterdrücken. Zu den neuen Systemen, die am häufigsten eingesetzt werden, gehört CRISPR-Cas9 *(clustered regularly interspaced short palendromic repeats)*, das von der Französin Emmanuelle Charpentier und der Amerikanerin Jennifer Doudna entwickelt wurde.

Diese in der Forschung äußerst nützlichen Methoden könnten eines Tages für die Gentherapie eingesetzt werden, um gezielt schädliche Gene, die beim Menschen zu schweren Erkrankungen führen, in bestimmten Organen wie etwa der Netzhaut zu entfernen. Ihr Einsatz mit dem Ziel, das Genom in den menschlichen Keimzellen zu manipulieren oder den Organismus im Sinne des Transhumanismus zu verbessern, ist hingegen aus ethischen Gründen nicht angezeigt und unterliegt einem strengen Regelwerk.

Was sind die Auswirkungen von Veränderungen der nicht codierenden RNAs?

Eine Antwort auf diese Frage konnte auf experimentellem Weg gegeben werden.

Der erste dieser Beweise stützt sich auf Experimente zur postnatalen Traumatisierung bei Mäusen, die durch Trennung von der Mutter Stress ausgesetzt wurden. Bei diesen Mäusen zeigt sich die nicht codierende RNA in den männlichen Keimzellen, den Spermien, stark verändert. Um zu zeigen, dass diese RNAs für die Auswirkungen auf das Verhalten und den Stoffwechsel verantwortlich sind, muss versucht werden, die beobachteten RNA-Anomalien zu reproduzieren. Es ist jedoch technisch nicht möglich, das Epigenom der Spermien zu manipulieren – sie sind zu klein und ihre Handhabung ist zu schwierig. Doch lässt sich mit den von den Spermien befruchteten Eizellen (Zygoten) arbeiten, die modifiziert werden können.

Durch Einsatz einer simplen Injektionsmethode kann die den Spermien entnommene RNA in die Zygoten der Weibchen der Kontrollgruppe eingeschleust werden. So lässt sich überprüfen, ob eine Veränderung der von den Spermien stammenden RNA bei den Tieren, die aus den der Injektion unterzogenen Zygoten hervorgehen, Symptome verursacht. Dazu genügt es, die Zygoten nach der Injektion chirurgisch in hormonell präparierte Weibchen zu übertragen, wo sie sich einpflanzen und entwickeln werden. Die Tiere, die aus den Eizellen mit injizierter RNA hervorgehen, werden nach dreiwöchiger Tragezeit geboren und können anschließend, wenn sie erwachsen sind, einem Test unterzogen oder sogar gekreuzt werden, um Auswirkungen auf die Nachkommen zu überprüfen.

Die Verhaltensanalyse der Mäuse, die aus Eizellen hervorgegangen sind, denen die RNA aus den Spermien traumatisierter Mäusemännchen injiziert wurde, hat gezeigt, dass sie – wie die traumatisierten Tiere selbst – Symptome einer Depression aufweisen und risikoreiches Verhalten zeigen. Deutliche Störungen haben sie auch in physiologischer Hinsicht; ganz wie bei den traumatisierten Männchen sind der Insulin- und der Glukosespiegel anormal niedrig. Bei ihren Nachkommen bestehen sowohl die psychischen als auch die physiologischen Veränderungen fort.

Diese bemerkenswerten Ergebnisse belegen also einen Kausalzusammenhang und erlauben den Schluss, dass die RNA der Spermien ein machtvoller molekularer Überträger ist, der die Effekte gemachter Erfahrungen weitergibt. Die RNA ist folglich ein Vermittler der epigenetischen Erblichkeit.

Wie übertragen sich die epigenetischen Marker?

Die Umweltfaktoren beeinflussen nicht nur, auf welche Weise das Genom zum Einsatz kommt und welche Gene bei einem Individuum exprimiert werden, sondern sie wirken sich auch auf die Nachkommen aus. In den oben beschriebenen Studien konnte zum Beispiel gezeigt werden, dass die Ernährung Ihres Großvaters Auswirkungen auf Ihre heutige Gesundheit haben kann oder dass bei frühtraumatisierten Mäusen sich die Folgen des Traumas übertragen und über mehrere Generationen hinweg zu Depressionen führen können.

Wie ist eine solche Übertragung möglich? Welche Mechanismen sind hier am Werk?

Die epigenetische Vererbung bei den Pflanzen

Die epigenetische Vererbung – also die Vererbung, die durch andere Mechanismen als den genetischen Code (die Gensequenz) selbst bedingt ist – wurde zu Beginn des 20. Jahrhunderts bei Pflanzen entdeckt. Ende der 1950er-Jahre gab man ihr den Namen »Paramutation«, um sie vom Begriff der »Mutation« zu unterscheiden, die eine Änderung in der DNA-Sequenz bezeichnet (Genmutation).

Zum ersten Mal nachgewiesen wurde die epigenetische Vererbung bei der Maispflanze.[18] Diese Form der Vererbung basiert auf der Kommunikation zwischen den zwei Allelen (den beiden Kopien) ein und desselben Gens, die epigenetische Informationen austauschen. Auf diese Weise kann eine bestimmte Eigenschaft an die Nachkommen weitergegeben werden, indem die »Rohkopie« eines Gens, das normale Allel, durch eine epigenetisch modifizierte (in seiner Sequenz jedoch nicht mutierte) Kopie dieses Gens, das »paramutagene« Allel, umgewandelt wird. Während eine klassische Genmutation, beispielsweise ein Defekt, in einem Nukleotid der Sequenz auf einem der Allele (sagen wir des väterlichen) bei der Vererbung auf diesem Allel bestehen bleibt, jedoch nicht auf das andere Allel (in unserem Beispiel das mütterliche) übergeht oder übertragen wird, kann eine epigenetische Veränderung also von einem auf das andere Allel übergehen.

Ein paramutagenes Allel kann so das epigenetische Profil seines Gesellen, des paramutablen Allels, modifizieren. Das paramutable Allel wird also selbst zum paramutagenen. Es handelt sich um eine Form der Vererbung, die nicht den Mendel'schen Regeln entspricht.

Um die Mechanismen zu sezieren, die diese sehr wichtige Form der Vererbung ermöglichen, wurden zahlreiche Untersuchungen durchgeführt, insbesondere an der Acker-Schmalwand *(Arabidopsis thaliana),* auch Gänserauke genannt. Diese sehr fruchtbare Pflanze, zur Familie der Kreuzblütler gehörend (wie beispielsweise die verschiedenen Senfarten), besitzt ein kompaktes Genom, 25-mal kleiner als das menschliche (157 Millionen Basenpaare gegenüber 3 Milliarden). Ein Forschungsteam unter Leitung des französischen Genetikers Vincent Colot stellte sich die Frage, ob eine Pflanze Veränderungen sichtbarer und für ihr Überleben notwendiger Eigenschaften auf ihre Nachkommen übertragen kann, die jedoch nicht in ihre DNA eingeschrieben sind, zum Beispiel die Länge ihrer Wurzeln oder das frühzeitige Einsetzen ihrer Blüte.

Die Resultate der Experimente sind ziemlich aufschlussreich: Die mit diesen Veränderungen in Verbindung stehenden epigenetischen Modifikationen wurden nicht nur von einer Generation an die nächste weitergegeben, sondern erwiesen sich über mindestens sechzehn Generationen hinweg als stabil! Das zeigt auf überzeugende Weise, dass erworbene Eigenschaften auf spätere Generationen übertragen werden können – ohne eine einzige Änderung der DNA-Sequenz.

Da wir dabei von epigenetischen Modifikationen sprechen, die in der ersten Generation im Labor herbeigeführt wurden, bleibt die spannende Frage: Kann es in der natürlichen Umgebung der Pflanze ebenfalls zu solchen Modifikationen kommen? In welchem Maße kann beispielsweise Trockenheit die Funktionsweise der Gene beeinflussen?

Um das Einwirken der Umwelt auf die epigenetische Varianz zu untersuchen, wurden bestimmte Technologien entwickelt, wie zum Beispiel eine technische Vorrichtung, die dafür sorgt, dass jede Pflanze exakt die gleiche Menge Licht, aber unterschiedlich viel Wasser erhält. Kann eine derartige Veränderung epigenetische Modifikationen auslösen? Und wird sich eine solche Modifikation gegebenenfalls als genauso stabil erweisen wie die im Labor herbeigeführten? Dies sind die Fragen, mit denen sich die Forschung aktuell beschäftigt.

Die zentrale Rolle der Keimzellen

Bei den Säugetieren wie bei den Pflanzen tragen die Gameten, die weiblichen oder männlichen Keimzellen, ein Genom, aber auch ein Epigenom in sich. Ganz wie das Genom, das in seiner Gesamtheit auf die Nachkommen übertragen wird, können auch das Epigenom oder bestimmte seiner Bestandteile übertragen werden. Die Übertragung der epigenetischen Faktoren kann so zum Fortbestand von durch die Eltern erworbenen Eigenschaften bei mehreren Generationen führen.

Stellen wir folgende Hypothesen auf:

- Eine Frau oder ein Mann sind auf wiederholte Weise einem bestimmten Umweltfaktor ausgesetzt, wie endokrinen Disruptoren (hormonaktive Substanzen, wie sie in Pestiziden vorkommen), Stressbedingungen, einer unausgewogenen Ernährung oder einem Wohlstandsmilieu oder sportlichem Training. Von diesen Faktoren kann der gesamte Organismus beeinflusst werden, alle seine Zellen, die Körperzellen (Hirn, Leber, Haut…) ebenso wie die Keimzellen. Dies führt zu Veränderungen ihrer Physiologie, ihres Verhaltens und, wenn sie ungünstigen Faktoren ausgesetzt sind, eventuell zu Dysfunktionen und Krankheiten. Diese Erfahrungen haben also eine direkte Wirkung auf das erwachsene Individuum, das ihnen ausgesetzt war. Hier handelt es sich um eine Exposition in der ersten Generation.
- Wenn die Keimzellen dieser Frau oder dieses Mannes betroffen sind, ihr Epigenom also vorübergehend oder dauerhaft verändert wurde, und die Frau oder der Mann dann ein Kind bekommen, kann dieses die Veränderungen erben, da sie ja in der Eizelle oder dem Spermium vorliegen, aus denen das Kind entsteht. Als Folge kann es die gleichen physiologischen oder verhaltensmäßigen Symptome entwickeln wie sein unmittelbar exponierter Elternteil. Dies resultiert aus der Exposition der zukünftigen zweiten Generation (der Keimzellen) im Körper der ersten Generation.

- Wenn die exponierte Frau schwanger ist, kann auch die dritte Generation die Folgen der Exposition erfahren, weil bereits der Fötus selbst sich herausbildende Keimzellen besitzt, die – über die Plazenta – indirekt von den auf die Mutter einwirkenden Umweltfaktoren betroffen sind. Diese Faktoren können also Einfluss auf die zukünftigen Keimzellen haben. Nachdem das Baby geboren wurde und es zum Erwachsenen geworden ist, der selbst Kinder bekommt, können die Keimzellen daher ihrerseits die Veränderungen an die nächste Generation weitergeben. Veränderungen wohlgemerkt, die von der direkten Exposition der Großeltern herrühren und auf die Eltern übertragen wurden.

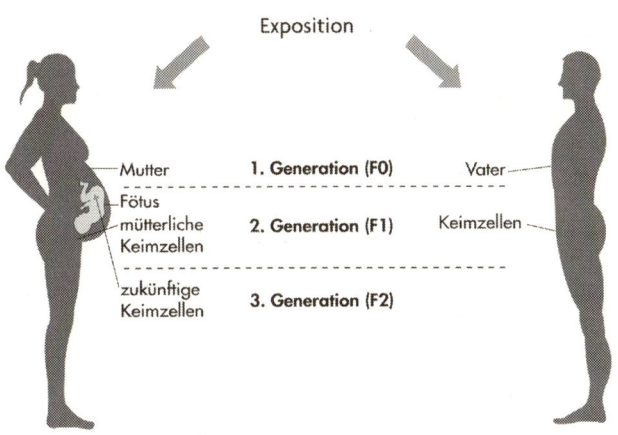

Direkte und indirekte Auswirkungen einer Exposition
auf verschiedene Generationen beim Menschen

In Labortests lässt sich das Konzept der epigenetischen Erblichkeit an Tieren, insbesondere Ratten und Mäusen, überprüfen.

Das Schema unten zeigt eine weibliche Ratte, die mit einem Embryo trächtig ist, dessen Keimzellen sich gerade herausbilden. Wenn sie bestimmten Umweltfaktoren exponiert ist, ist auch der Embryo der ersten Generation exponiert, und ebenso seine sich entwickelnden Keimzellen, aus denen die zweite Generation hervorgeht. Diese zweite Generation kann also Symptome aufweisen, die denen der Mutter und ihrer Jungen gleichen, also in der Eltern- und der Großelterngeneration vorlagen. Es ist der gleiche Prozess wie beim Menschen.

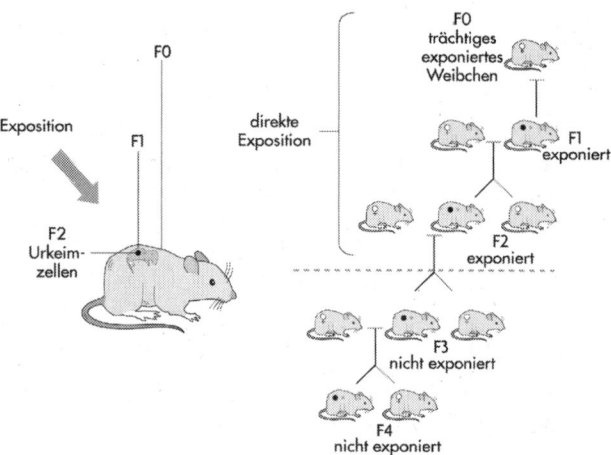

**Direkte und indirekte Auswirkungen einer Exposition
bei verschiedenen Generationen beim Nagetier**

Aber was geschieht anschließend in der vierten, fünften, sechsten Generation? Diese späteren Generationen waren den Umweltfaktoren niemals direkt oder indirekt exponiert.

Können trotzdem auch sie von den gleichen Übeln betroffen sein wie ihre Vorfahren?

Die zu untersuchende Hypothese lautet: Tragen die Zellen der Generation, die den Umweltfaktoren nicht direkt exponiert war (die zweite Generation, wenn die erwachsenen Eltern exponiert waren; die dritte, wenn die Mutter und ihr Fötus exponiert waren), Spuren der Exposition ihrer Eltern oder ihrer Großeltern?

Falls das der Fall sein sollte, würde das bedeuten, dass diese Generation, aber vielleicht auch die folgende, die Veränderungen ebenfalls aufweist – sodass die Individuen dieser Generationen, obwohl sie selbst nicht direkt exponiert waren, trotzdem alle Symptome entwickeln, das heißt Anzeichen der Exposition ihrer Großeltern oder sogar ihrer Urgroßeltern!

Ist es möglich, dass die epigenetischen Veränderungen den Keimzellen eingeprägt sind? Falls ja, hieße das, dass sie potenziell auch über die dritte Generation hinaus übertragbar wären, auf die Generationen 4, 5, 6 usw.

Das Konzept der transgenerationellen epigenetischen Erblichkeit beruht genau auf diesem Prinzip: der Möglichkeit, dass die Keimzellen und ihre »Prägung« durch epigenetische Modifikationen aufgrund der Exposition beständig sind und sich von Generation zu Generation aufrechterhalten.

Die Richtigkeit dieses Konzepts gilt es heute noch zu beweisen. Was bestimmt darüber, ob ein Phänotyp, der einer Exposition und den damit verbundenen epigenetischen Veränderungen geschuldet ist, übertragen wird oder nicht?

Wir wissen heute, dass dies namentlich von folgenden Faktoren abhängt:

- Der Art der Exposition, der das Individuum durch die Umwelt ausgesetzt ist. Zum Beispiel werden endokrine Disruptoren, wie sie in Pestiziden vorkommen, nicht dieselben epigenetischen Veränderungen auslösen wie eine unausgewogene Ernährung oder ein traumatisierendes Erlebnis.
- Der Dauer und Intensität der Exposition: Kam es nur einmal oder wiederholt zur Exposition, war sie geringfügig oder stark?
- Dem Alter während der Exposition, wobei ein Kind im Allgemeinen sensibler reagiert als ein Erwachsener.
- Dem Leben des Individuums nach der Exposition: Gibt es positive Faktoren in der Umwelt, die möglicherweise helfen, die Auswirkungen der Exposition zu korrigieren?

Um die verschiedenen Szenarien zu verstehen, die bei der Übertragung der Auswirkungen einer Exposition möglich sind, müssen diese Faktoren genau betrachtet werden. Nehmen wir das im Schaubild rechts dargestellte Beispiel: Eine männliche Maus der Generation o ist Stress ausgesetzt, entweder noch als Embryo oder nach der Geburt während der Säugezeit oder als ausgewachsenes Tier. Zu jeder dieser Lebensphasen kann die Exposition epigenetische Veränderungen in jeder Zelle verursachen, einschließlich der Hirnzellen und der Keimzellen, im Schaubild schematisch als Samenzellen dargestellt. Sind die Hirnzellen betroffen, kann dies zu Verhaltensstörungen führen. Diese Störungen sind im Schaubild durch ein Labyrinth dargestellt: Ein betroffenes Tier wird Orientierungs- und Gedächtnisschwierigkeiten zeigen und nicht aus dem Labyrinth herausgelangen, während ein normales Tier den Ausgang ohne Probleme findet.

Wenn das Tier mit einem normalen Weibchen, das nicht exponiert war, gepaart wird, wird eine bis dahin

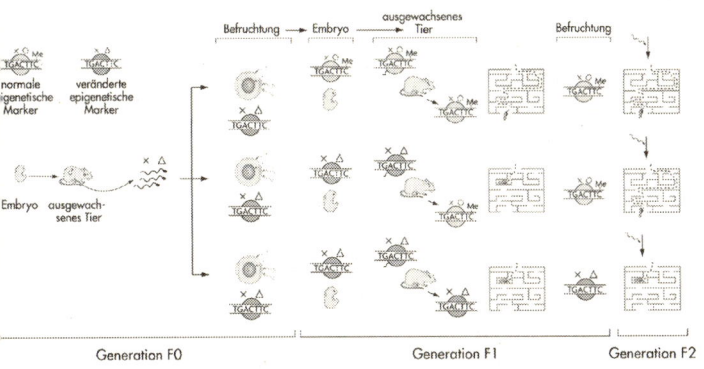

Konsequenzen von epigenetischen Veränderungen für
die Nachkommen bei Exposition des Individuums als
Embryo, Neugeborenes oder ausgewachsenes Tier[19]

normale Eizelle durch eine seiner betroffenen Samenzellen befruchtet. Bei den Nachkommen gibt es dabei
drei mögliche Szenarien:

Szenario Nr. 1: Die epigenetischen Veränderungen,
welche die Samenzellen betreffen, sind vorübergehender Natur oder werden korrigiert. Dies führt zu ihrem
Verschwinden und damit zu einem rasch in den Nor-
malzustand zurückgekehrten epigenetischen Gepäck.
Der aus der Befruchtung hervorgehende Embryo wird
also in den Körper- wie in den Keimzellen ein normales Epigenom haben und als geborenes Tier das zu
erwartende Verhalten zeigen. Er wird im Übrigen ganz
normale Nachkommen (Generation 2) zeugen. In diesem Szenario hat die Übertragung nur sehr kurzfris-
tige Auswirkungen und bleibt für die Nachkommen
folgenlos.

Szenario Nr. 2: Die Keimzellen sind auf eine bestän-
digere Weise betroffen, und die epigenetischen Veränderungen bestehen bei den Nachkommen während der
embryonalen Entwicklung bis hin zum ausgewachsenen Tier fort. Dies betrifft jedoch nur die Körperzellen und nicht die Keimzellen der Nachkommen. Das
Verhalten der Tiere der ersten Generation kann also
gestört sein, da die Hirnzellen epigenetische Veränderungen aufweisen. Das Tier wird seinen Weg durchs
Labyrinth nicht finden, allerdings werden seine Nachkommen der Generation 2 keine Schwierigkeiten
damit haben, da sie die epigenetischen Veränderungen

nicht geerbt haben. In diesem Fall spricht man von intergenerationeller Übertragung, womit die Weitergabe von der exponierten Generation auf die ihr folgende bezeichnet wird.

Szenario Nr. 3: Dies ist der extremste Fall. Die epigenetischen Veränderungen sind beständig und bleiben in Generation 1 während der gesamten Embryogenese, der Kindheit und beim ausgewachsenen Tier bestehen. Betroffen sind sämtliche Zellen des Organismus, die Körper- wie die Keimzellen. Da auch Letztere die epigenetischen Veränderungen aufweisen, können sie auf die nächste Generation übertragen werden, die dann ebenfalls Verhaltensstörungen zeigt. Man spricht von transgenerationeller Übertragung, womit die Weitergabe über mehrere Generationen hinweg bezeichnet wird.

Genetische Vererbung oder epigenetische Vererbung?

Einer der wesentlichen Unterschiede zwischen der genetischen und der epigenetischen Vererbung ist der Grad der Übertragung auf die Nachkommen. In der klassischen Genetik wird ein bei einem Elternteil vorliegendes Merkmal, das mit einem Allel, einem der beiden Exemplare eines Gens, verbunden ist, höchstens auf die Hälfte der Nachkommen übertragen und »verwässert« sich folglich im Laufe der Zeit, weil jeder Nachkomme nur eine einzige Kopie dieses Gens des betreffenden Elternteils erhält. Im Gegensatz dazu kann ein epigenetisches Merkmal auf alle Nachkommen übertragen werden, und zwar »unverwässert«, weil es von einem Gen, bei dem es vorliegt, auf ein anderes, bei dem es nicht vorliegt, »kopiert« werden kann. Somit gilt in der Genetik, dass bei der Mutation eines Gens diese nur auf einen Teil der Nachkommen übertragen wird, während in der Epigenetik die Veränderung eines epigenetischen Markers von sämtlichen Nachkommen geerbt werden kann.

Um diesen fundamentalen Unterschied gut zu verstehen, sei hier noch einmal erklärt, wie das genetische Gepäck von einer Zelle an die nächste vererbt wird oder von einem Organismus an den nächsten.

Während unseres ganzen Lebens erneuern sich unsere Zellen durch den Prozess der Zellteilung. Dabei produziert eine Mutterzelle eine identische Tochterzelle. Bei dieser Teilung wird die DNA dupliziert, das heißt durch die Erstellung einer getreuen Kopie verdoppelt. Die klassische genetische Übertragung, die »Mendel'sche Vererbung«, ist das Resultat dieser Verdopplung, die zum Transfer der Sequenzen des Genoms von einer Zelle auf die nächste führt. Es existieren zwei Formen der Zellteilung, die Mitose und die Meiose:

- Die Mitose betrifft die Körperzellen (somatische Zellen), also alle Zellen des Organismus außer den Keimzellen.
- Die Meiose betrifft die Keimzellen (Gameten), bei den Säugetieren sind das die Ei- und die Samenzellen.

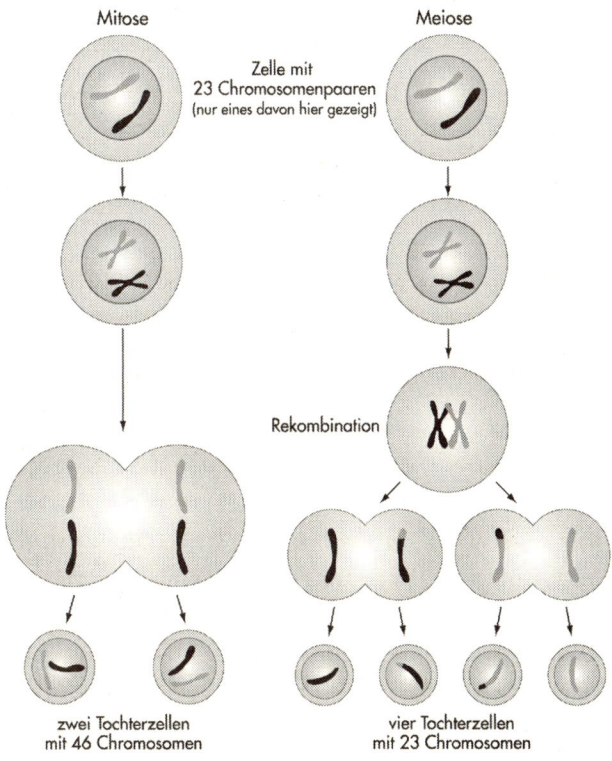

Die Unterschiede zwischen Mitose und Meiose

Auch wenn beide Prozesse zu einer Vermehrung der Zellen führen, bestehen zwischen Mitose und Meiose beträchtliche Unterschiede. Das Schaubild zeigt, wie die beiden Formen der Zellteilung ablaufen.

Ausgangspunkt der Mitose wie der Meiose ist die Mutterzelle, die 23 Chromosomenpaare umfasst, wobei bei jedem Paar je ein Chromosom von der Mutter und ein Chromosom vom Vater stammt.

Bei der Mitose bringt die Mutterzelle zwei völlig identische Tochterzellen hervor. Damit jede der Tochterzellen genau die gleichen Chromosomen wie die Mutterzelle hat, wird jedes Chromosom, wie es ist, verdoppelt, sodass es zwei Chromatidschwestern hervorbringt, die aus einer gleichen DNA-Sequenz bestehen. Diese reihen sich zur sogenannten Äquatorialplatte aneinander, um sich dann zu trennen, bevor sie bei der Zellteilung auf genau gleiche Weise auf die beiden Tochterzellen verteilt werden. Dieser Prozess kommt bei den Vielzellern zum Einsatz, wenn die Zellen sich vermehren müssen, um Gewebe zu bilden und zu erneuern, wie zum Beispiel die Haut- oder Leberzellen.

Die Meiose hingegen, die die Keimzellen hervorbringt, ist ein Prozess der doppelten Zellteilung, der zur Bildung von vier statt zwei Tochterzellen aus einer Mutterzelle führt. Doch die Tochterzellen sind mit der Mutterzelle nicht identisch, sie unterscheiden sich in zwei wesentlichen Punkten: Zum einen enthält jede Tochterzelle nur ein einziges Chromosom von jedem Chromosomenpaar, also 23 cinzelne Chromosomen, zum anderen stellt jedes dieser Chromosomen eine Mischung aus dem von der Mutter und dem vom Vater stammenden Chromosom dar.

Auch wenn die anfängliche Teilung im Großen und Ganzen dieselbe wie bei der Mitose ist, vermischen sich bei der Meiose die gepaarten Chromosomen untereinander, ein Prozess, der Crossing-over heißt. Es handelt sich um einen Vorgang des Überkreuzens, der bewirkt, dass die genetische Information des mütterlichen Chromosoms mit der des väterlichen in jedem Paar miteinander gemischt wird. Die DNA der Mutter vermengt sich nach dem Zufallsprinzip mit der des Vaters, um gemischte Chromosomen zu erhalten. Das ist die genetische Brauerei. Es folgt eine zweite Zellteilung (die bei der Mitose nicht stattfindet), bei der jedes »neu gebraute« Chromosom von jedem Chromosomenpaar auf zwei Zellen verteilt wird. Jede dieser Zellen besitzt damit nur ein Exemplar von jedem Chromosom.

Im Ergebnis bringt die zweimal geteilte Mutterzelle vier Tochterzellen hervor, die jeweils die Hälfte des genetischen Erbes enthalten. Man spricht von »haploiden« Zellen, da sie nur eine einzige Kopie von jedem Chromosom besitzen, im Gegensatz zu den Körperzellen, die aus der Mitose hervorgehen und »diploid« sind, da sie jedes Chromosom in zwei Exemplaren aufweisen. Die Meiose ermöglicht dem Organismus die Produktion von Keimzellen, die nicht mehr als die Hälfte der für ein Individuum benötigten genetischen Information vererben: Es ist die Vereinigung von Ei- und Samenzelle, durch die man ein komplettes Erbe von 23 Chromosomenpaaren erhält. Man versteht also, warum die genetische Information, die ein Individuum erbt, einzigartig ist: weil sie ein zufälliges Gemisch zwischen dem Genom der Mutter und dem des Vaters ist.

Überlegen wir nun, auf welche Weise die epigenetischen Marker bei diesen beiden Prozessen übertragen werden können. Zwar ist dies noch nicht vollständig verstanden und Gegenstand zahlreicher Forschungen, doch kann man sich schon jetzt vorstellen, dass bei der Mitose die epigenetischen Marker so kopiert werden können, dass sie sich in identischer Weise in den beiden Tochterzellen wiederfinden. Doch dies kann auch bei der Meiose der Fall sein, auch wenn dies zunächst etwas schwieriger vorstellbar ist. Man weiß aber, dass die epigenetischen Marker in den aus der Meiose hervorgehenden Zellen präsent sind. Auch weiß man, dass die epigenetischen Marker nach der Meiose modifiziert werden und auch neue Marker hinzugefügt werden können. Die daraus entstehenden Keimzellen haben also ihr eigenes Epigenom, das zu einem Teil durch das Elternteil, aus dem sie hervorgehen, bestimmt ist.

Die Reprogrammierung des epigenetischen Gepäcks

Ein für den Begriff der epigenetischen Vererbung wichtiges konzeptuelles Hemmnis ist die Frage des Fortbestehens des Epigenoms im Embryo nach der Befruchtung. Während es offensichtlich ist, dass die DNA der Chromosomen als quasi unveränderlicher physischer Träger getreu von den Mutter- auf die Tochterzellen übertragen wird, ist nicht sicher, dass die epigenetischen Marker alle auf genauso systematische Weise übertragen werden. Zwar bringen die Ei- und die Samenzelle bei der Befruchtung jeweils ihr eigenes epigenetisches Gepäck mit, aber bestehen ihre Epigenome im daraus entstehenden Embryo fort? Sind sie miteinander vermischt, und bleiben sie während der Entwicklung bestehen?

Diese Fragen sind von fundamentaler Bedeutung, doch sie stoßen sich an einem Anfang der 1960er-Jahre entdeckten Vorgang: der Reprogrammierung. Im Jahr 1962 entdeckte John Gurdon von der Universität Oxford, der einige Jahre zuvor an der Erfindung der Klontechnik beteiligt gewesen war, dass das epigenetische Gepäck des Embryos während seiner Entwicklung reprogrammiert wird, das heißt, dass es teilweise gelöscht und dann im Laufe der Embryogenese neu geschrieben wird. Die Reprogrammierung geschieht in zwei Schritten: Der erste vollzieht sich in allen Zellen des Embryos unmittelbar vor seiner Einnistung in die Gebärmutter, der zweite allein in den sich herausbildenden Keimzellen, die in diesem Stadium »primordiale Keimzellen« genannt werden. Diese Reprogrammierung sei nötig, um den Embryo in gewisser Weise von elterlichen Informationen außer denen des Gencodes zu befreien, also um die Information des epigenetischen Codes, der die erworbenen Eigenschaften angibt, zu löschen und nur die genetische Information, die das Angeborene angibt, zu bewahren.

In der Theorie schließt also die Tatsache, dass es eine Reprogrammierung gibt, die Möglichkeit einer epigenetischen Vererbung aus. Heute weiß man jedoch, dass die Reprogrammierung keine vollständige, sondern eine nur teilweise ist. Ein Teil des Epigenoms der Eltern bleibt im Embryo also bewahrt und besteht bis zum Erwachsenwerden und sogar während des gesamten Lebens fort; keinesfalls wird es völlig gelöscht. Darüber hinaus weiß man mittlerweile, dass bei Säugetieren sogar bestimmte aktive Mechanismen existieren, die ermöglichen, die epigenetische Ausstattung bestimmter Gene aufrechtzuerhalten. Einer der bekanntesten dieser Mechanismen ist jener der genomischen Prägung.

Als genomisch geprägt bezeichnet man eine Gruppe von Genen, deren epigenetisches Profil während der Entwicklung nicht reprogrammiert, sondern auf die Nachkommen übertragen wird. Diese Gene, etwa 150 an der Zahl, sind imstande, die Erinnerung an ihre elterliche Herkunft zu bewahren, das heißt, sie sind epigenetisch markiert, sich daran zu erinnern, welche Kopie beziehungsweise welches Allel von der Mutter und welche Kopie vom Vater stammt. In einer diploiden Zelle liegen alle Chromosomen paarweise vor, und jedes Gen existiert also in zwei Kopien, einmal auf dem mütterlichen und einmal auf dem väterlichen Chromosom. Bei den meisten Genen müssen beide Kopien aktiv sein, um genügend Proteine zu bilden, aber die der genomischen Prägung unterliegenden Gene begnügen sich mit einer einzigen Kopie:

Eines der beiden Allele – sei es das mütterliche oder das väterliche – ist durch DNA-Methylierung inaktiviert. Dieses Allel entkommt der Reprogrammierung, die sich während der Embryonalentwicklung vollzieht, und bewahrt die Herkunftsmarker, die in den Keimzellen vorhanden sind, jene der Eizelle der Mutter und jene der Samenzelle des Vaters. Dieser verblüffende Prozess eines molekularen Gedächtnisses zeigt gut, dass es möglich ist, Teile des Epigenoms vom allerersten Anfang eines Lebewesens bis zum Erwachsenenalter zu wahren.

Krankheiten in Verbindung mit genomisch geprägten Genen

Obwohl er perfekt orchestriert ist, wird der Prozess der genomischen Prägung manchmal bei Anomalien zum Thema. So kommt es vor, dass die normalerweise aktive Kopie des Gens nicht funktionstüchtig ist. Da die Aktivität dieser Gene von nur einer einzigen Kopie abhängt, kann eine solche Anomalie schwere Folgen für den Organismus haben. Bei den genomisch geprägten Genen entfällt die Kompensation durch die andere Kopie. Es kommt aber auch vor, dass die normalerweise inaktive Kopie sich exprimiert, was dann zu einer übermäßigen Genexpression führt, die für den Organismus genauso schädlich ist. Die Pathologien, die im Zusammenhang mit genomisch geprägten Genen auftreten, sind häufig mit neurologischen Störungen, die mit mentaler Retardierung einhergehen, verbunden, wie das Prader-Willi-, das Angelman- oder das Silver-Russell-Syndrom, aber auch mit Asthma, bestimmten Formen von Krebs, Diabetes, Fettleibigkeit und mit Entwicklungsstörungen.

Resilienz und Sensibilität bei Stress

Heute, da man weiß, dass die Umwelt und die Lebenserfahrungen die psychische und physische Gesundheit über mehrere Generationen hinweg beeinflussen können und dass die epigenetischen Faktoren die Ursache dieser Form der Vererbung sein könnten, können sich der Medizin neue Perspektiven eröffnen. Dies gilt ganz besonders für zahlreiche Krankheiten, deren Ursachen nicht bekannt und deren genetischer Ursprung nicht eindeutig identifiziert ist, die also keiner Mutation in einem bestimmten bekannten und lokalisierten Gen geschuldet sind. Bei den meisten komplexen Erkrankungen wie bei psychischen Störungen (Depression, Schizophrenie, Borderline-Persönlichkeitsstörung), Stoffwechselerkrankungen, Autoimmunkrankheiten und sogar bestimmten Formen von Krebs geht man heute davon aus, dass sie vielfältige Ursachen haben und aus einer Kombination von genetischer Disposition und der Exposition durch Umweltfaktoren resultieren.

Von diesen Faktoren ist der Stress eine der entscheidenden Ursachen von Störungen des psychologischen und physiologischen Gleichgewichts. Stress ausgesetzt zu sein, etwa durch Überanstrengung oder durch den Verlust eines Angehörigen, kann Auswirkungen auf das Verhalten, aber auch auf den Blutzucker, die Verdauung, die Lebenserwartung und das Krebsrisiko haben. Vor allem chronischer Stress übt einen ausgeprägten und anhaltenden Effekt auf den gesamten Organismus aus. Dies betrifft jedoch nicht alle Menschen in der gleichen Weise. Manche Menschen sind stresssensibler, sie passen sich schlecht an und zeigen übertriebene und unzweckmäßige Reaktionen, zum Beispiel kann das Wohlbefinden permanent getrübt sein. Andere wiederum zeigen sich resilient oder widerstandsfähig und sind von Stress weitaus weniger betroffen. Sie empfinden Notsituationen als wenig bedrohlich und werden durch sie weniger verunsichert als stresssensible Menschen. Diese Unterschiede treten unabhängig von Alter, Geschlecht oder kulturellem Hintergrund auf und können sich im Laufe der Zeit verändern.

So können Menschen, die sich in ihrer Kindheit als resilient erwiesen, infolge eines dramatischen Ereignisses eine erhöhte Stresssensibilität erwerben. Umgekehrt können Menschen, die in jüngerem Alter sensibel reagierten, im Heranreifen die Fähigkeit erlangen, besser mit Stresssituationen umzugehen. Dabei scheint es so zu sein, dass die Mechanismen, die die Sensibilität oder Resilienz gegenüber Stress steuern, von einer Kombination genetischer und epigenetischer Faktoren abhängig sind, die auf komplexe Weise miteinander interagieren.

Durch Studien an Mäusen konnte gezeigt werden, dass die bei der Reaktion auf Stress beteiligten epigenetischen Mechanismen von der DNA-Methylierung, von der Histonmodifikation und/oder von der nicht codierenden RNA abhängen, je nach Typ des Stresses, seiner Häufigkeit, dem Lebensalter, dem Gewebe und den betrachteten Zellen, seien dies nun Hirn-, Leber-, Blutzellen oder die Keimzellen. Es ist also ein ganzes Bündel von Faktoren beteiligt, deren Effekt aber in einem Punkt übereinstimmt: der Veränderung der Aktivität bestimmter Gene.

Die Labormaus ist hier erneut ein ideales Versuchsmodell, um die in Verbindung mit Stress stehenden epigenetischen Mechanismen zu untersuchen, da es stresssensible Abstammungslinien gibt und andere, die resistent sind. Ein weiterer Vorteil ist, dass innerhalb einer Abstammungslinie die Mäuse isogenetisch sind, was bedeutet, dass sie alle das gleiche Genom haben. Dies ist ein beachtlicher Trumpf, um die Verzerrungen durch die genetische Variabilität zu eliminieren, und erlaubt, spezifisch die epigenetischen Veränderungen und ihre Auswirkungen auf das – zwischen den Individuen identische – Genom zu isolieren.

Setzt man die Mäuse der sensiblen Abstammungslinie Stress aus, zeigen sie eine Angstreaktion, während sich jene der resistenten Abstammungslinie normal verhalten. Der Grund für diese verschiedenen Reaktionen liegt in einem Unterschied in den epigenetischen Steuerungsprozessen bestimmter Gene, insbesondere eines Gens, das für den Nervenwachstumsfaktor GDNF *(glial cell line derived neurotrophic factor)* codiert. Der GDNF ist ein kleines Protein, das für das Überleben der Nervenzellen wesentlich ist und das gute Funktionieren des Nervensystems sicherstellt. Bei beiden Abstammungslinien der Mäuse wird ein raffinierter Mechanismus im Zusammenhang mit diesem Gen in Gang gesetzt, der sich jedoch zwischen den zwei Linien sehr unterscheidet und dadurch zu gegenteiligen Wirkungen führt: Bei den stresssensiblen Mäusen ist er dafür verantwortlich, dass sie sich schlecht an Stress anpassen, bei den stressresistenten bewirkt er umgekehrt ihre hohe Adaptionsfähigkeit. Es ist aber möglich, die Kaskade von molekularen Ereignissen, die bei Stressexposition in Gang gesetzt wird, zu blockieren oder umzukehren. Werden die stresssensiblen Mäuse mit einem Antidepressivum behandelt, wird die Blockade der Transkription des GDNF-Gens aufgehoben, und das Gen kann transkribiert werden, was bewirkt, dass die Tiere bei Stressexposition eine normale Reaktion zeigen.

Anhand dieses sprechenden Beispiels verstehen wir, wie eine epigenetische Modifikation – in diesem Fall die Methylierung eines spezifischen Gens – den Einsatz unterschiedlicher Proteine auf einem definierten Gen zur Folge haben und zu entgegengesetzten Verhaltensreaktionen führen kann. Um ein solches molekulares

Räderwerk zu durchschauen, ist es also wesentlich, für jedes Gen das epigenetische Profil sowie die Proteine, die sich in Reaktion auf epigenetische Modifikationen mit der DNA verbunden haben, zu bestimmen. Man analysiert sozusagen die Maschinerie, die das Genom liest und übersetzt. Die – noch ungelöste – Aufgabe besteht also darin, das Signal ganz oben in der Befehlskette zu identifizieren, das diese unterschiedlichen Mechanismen bei den verschiedenen Abstammungslinien in Gang setzt. Dieses könnte eine genetische Basis haben.

Die Schlüsselrolle der mütterlichen Fürsorge

Die Lebensbedingungen während der Kindheit spielen ebenfalls eine entscheidende Rolle für die Reaktion eines Menschen auf Stress. In der Verhaltensbiologie wie in der Klinischen Psychologie weiß man, dass die emotionale Bindung in der frühen Lebensphase einen anhaltenden Einfluss auf die psychische Entwicklung, den Körper und das generelle Gleichgewicht eines Menschen ausübt. Bei den meisten Säugetierarten bedingt die Qualität der mütterlichen Fürsorge die Fähigkeit der Jungen, ihren Stress in den Griff zu bekommen. Besonders ausgeprägt ist dies bei Rattenweibchen, deren mütterliche Fähigkeiten unterschiedlich ausfallen können, mit im Extrem »guten« und »schlechten« Müttern und einer Mehrheit von »normalen« Müttern dazwischen.

So sind die guten Mütter bei der Pflege, die sie ihren Jungen zukommen lassen, engagierter und aktiver, während die schlechten eher nachlässig sind. Dieser natürliche Unterschied spiegelt sich in der Zeit wider, welche die Mutter mit dem Ernähren, Lecken und Putzen ihrer Jungen zubringt, wobei sie eine bogenförmige Haltung über ihrem Wurf einnimmt, ein typisches mütterliches Verhalten von Nagern. Bestimmte Mütter verbringen viel Zeit in dieser Haltung, andere wenig, was bei ihren Jungen im Erwachsenenalter zu sehr unterschiedlichen Reaktionen auf Stress führt. Die stärker Bemutterten werden Stress viel besser im Griff haben, sie werden ruhig, sozial und abenteuerlustig sein. Die Vernachlässigten werden ängstlich und furchtsam sein und kognitive Störungen aufweisen.

Bei den jungen Rattenweibchen wird auch ihr Verhalten als Mutter stark davon beeinflusst sein, wie viel mütterliche Fürsorge sie selbst erhielten. Die verhätschelten jungen Ratten werden ihrerseits gute, aktive Mütter werden. Im Gegensatz dazu werden bei den vernachlässigten jungen Ratten die mütterlichen Unzulänglichkeiten fortbestehen. Das unangepasste Verhalten wird also aufgrund der unzureichenden mütterlichen Fürsorge weitergegeben.

Den Beweis liefert die Über-Kreuz-Adoption. Die Jungen der guten Mütter werden, wenn sie von schlechten Müttern aufgezogen werden, von allen Problemen heimgesucht, die deren eigene Jungen aufweisen. Umgekehrt zeigen die Jungen von schlechten Müttern, wenn sie von guten Müttern aufgezogen werden, normales

Verhalten, wenn sie ausgewachsen sind. Es handelt sich also um eine Übertragung ohne Beteiligung der Keimzellen, die direkt durch die mütterliche Fürsorge verursacht wird.

Diese Effekte stehen in Verbindung mit einer unterschiedlichen Aktivität des Hauptsystems der Stressregulierung, der Hypothalamus-Hypophysen-Nebennierenrinden-Achse. Diese Achse wird aus dem Hypothalamus im Gehirn, der Hypophyse oder Hirnanhangdrüse, die unterhalb des Gehirns angesiedelt und mit dem Hypothalamus durch Blutgefäße verbunden ist, sowie der Rinde der auf den Nieren sitzenden Nebennieren gebildet. Im Gehirn in Gang gesetzt, ermöglicht diese endokrine Kaskade die Freisetzung des Stresshormons und von Glucocorticoiden im Blut.

Doch durch welche Mechanismen kann die im Kindesalter erfahrene Fürsorge mit dieser Kaskade interferieren und das Verhalten im Erwachsenenalter beeinflussen?

Hier kommt die Epigenetik ins Spiel. Feinanalysen des Gehirns der Rattenjungen, die hinreichende oder unzureichende Fürsorge erhalten hatten, haben gezeigt, dass dies jeweils Spuren in ihrem Epigenom hinterließ – ganz besonders bei den Genen, die an der endokrinen Kaskade der Stressregulierung beteiligt sind. Dies gilt für das Gen, das für den Rezeptor der Glucocorticoide ganz am Ende der Kaskade codiert. Wenn die mütterliche Fürsorge ausreichend ist, ist das Gen im Gehirn der Rattenjungen wenig oder gar nicht methyliert, und seine Expression ist erhöht. Bei unzureichender Fürsorge aber ist das Gen stark methyliert und folglich deaktiviert. Beides gilt unabhängig vom biologischen Ursprung der Rattenjungen, ob sie nun von einer guten oder einer schlechten Mutter abstammen. Es ist ihr Leben nach der Geburt und die Art und Weise, wie sie aufgezogen wurden, was den Methylierungsgrad dieses Gens und ihr späteres Verhalten bestimmt. Diese Untersuchungsergebnisse belegen die Bedeutung der während der Kindheit erworbenen epigenetischen Ausstattung für das spätere Leben.

Die Folgen von Kindheitstraumata

Auch abgesehen von der elterlichen Fürsorge sind die Lebensbedingungen während der Kindheit extrem bestimmend. Beim Menschen und bei den meisten Säugetieren gilt: Wenn die ersten Lebenswochen oder -jahre durch eine unstrukturierte Umgebung, prekäre und instabile Bedingungen, ein gewalttätiges Umfeld gestört sind, wird das Individuum große Schwierigkeiten haben, sich zu konstruieren und sein Gleichgewicht zu finden. Die Folgen solcher Bedingungen werden zu einem Teil epigenetischen Mechanismen im Gehirn zugeschrieben.

Wenn junge Mäuse zum Beispiel während der ersten Lebenstage täglich von ihren Müttern getrennt werden, wird ihre Entwicklung gestört, und dies kann zu Depressionssymptomen im Erwachsenenalter führen. Bei den Mäusejungen treten während der Trennung

Veränderungen der Methylierung bestimmter Gene im Gehirn ein, die mehrere Wochen lang fortbestehen. So büßt das Gen, das für das Antidiuretische Hormon (ADH) codiert, einen Teil seiner Methylierung ein und wird zu aktiv. Das Antidiuretische Hormon wird durch den Hypothalamus freigesetzt und für die funktionelle Reifung der Stressachse gebraucht, die beim affektiven und sozialen Verhalten eine Rolle spielt. Der Methylierungsgrad eines Gens bestimmt ja den Einsatz der Steuerungsproteine, die sich mit ihm verbinden und die Genexpression entweder möglich oder unmöglich machen.

Bei den täglich von ihrer Mutter getrennten Mäusejungen demethyliert sich das ADH-Gen und nimmt damit eine offene Gestalt an, die für den Transkriptionsapparat zugänglich ist. Es kommt zu einer Überproduktion des Proteins und einer Deregulierung der Achse zur Stresssteuerung. Dieser Effekt verblasst aber schließlich.

Nichtsdestotrotz können im Fall von extremem und traumatischem Stress die epigenetischen Veränderungen und ihre Folgen für die Verhaltensentwicklung deutlich stärker ausfallen. Wenn Mäuse nach dem MSUS-Schema *(siehe Seite 89)* während der ersten zwei Wochen ihres Lebens von ihrer Mutter getrennt werden, ohne dass sie dies voraussehen können, zu einem willkürlichen Zeitpunkt des Tages, und ihre Mutter während der Trennung zudem ebenfalls unvorhersehbarem Stress ausgesetzt wird (indem sie in ein Rohr eingesperrt oder gezwungen wird, in einem Wasser-

behälter zu schwimmen), sind die Folgeschäden vielfältig und anhaltend. Diese Bedingungen wirken trau-
matisierend, weil die Trennung der Jungen von ihrer
Mutter durch ihre Unvorhersehbarkeit und den Stress,
dem die Mutter zusätzlich unterliegt, noch schlimmer
gemacht wird. Die Mütter können das Trauma nicht
kompensieren, indem sie die Jungen länger umsorgen,
weil sie selbst zu belastet sind. Welche Folgen hat eine
solche Traumatisierung für ihr späteres Leben als ausgewachsene Mäuse?

Die traumatisierten Tiere sind später nicht nur häufiger depressiv, sondern zeigen auch Risikoverhalten,
eine antisoziale Haltung und leiden an Gedächtnis-
verlust. Abgesehen von diesen Verhaltensstörungen ist
auch ihr Stoffwechsel beeinträchtigt. Die Insulin- und
Blutzuckerwerte liegen zu niedrig, das »gute Choles-
terin« (HDL) ist reduziert, und die Regulierung des
Hormonsystems ist gestört. Erstaunlicherweise sind
nicht nur die unmittelbar exponierten Tiere lebens-
lang von diesen Symptomen betroffen, sondern auch
die direkten Nachkommen sowie spätere Generationen. Bestimmte Symptome wie Risikoverhalten bestehen bis in die vierte Generation fort.

Diese frappierenden Forschungsergebnisse offenba-
ren also eine Form der transgenerationellen Vererbung
der Folgen von Traumata. Die Übertragung erfolgt
sowohl über die Väter als auch über die Mütter; in
beiden Fällen sind die Keimzellen beteiligt.

Wie lässt sich bei Nagern eine Depression feststellen?

Bei Ratten und Mäusen ist es relativ einfach, Symptome einer Depression auszumachen, weil diese im Allgemeinen in einem verzweifelten Verhalten zum Ausdruck kommen. Setzt man einen gesunden Nager in einen mit kaltem Wasser gefüllten Behälter, wird er schwimmen und versuchen zu entkommen. Das Tier wird einige Minuten lang energisch schwimmen, ohne aufzugeben, und sich von Zeit zu Zeit treiben lassen, wenn es sich geschwächt fühlt.

Ein depressives Tier hingegen wird nur wenig schwimmen und nicht darum kämpfen, zu entkommen, sondern sich schnell treiben lassen. Die Zeitspanne, bis ein Tier beginnt, sich treiben zu lassen, und die Zeit, die es sich insgesamt treiben lässt, sind messbare Indikatoren des relativen Kampfwillens des Tiers. Eine kurze Zeitspanne spiegelt einen depressiven Gemütszustand wider.

Ein weiterer Test, der auf dem gleichen Prinzip basiert, ist das Aufhängen am Schwanz. Das am Schwanz aufgehängte Tier wird versuchen, sich durch Zappeln zu befreien. Ist es depressiv, wird es nur kurz kämpfen und dann eine passive, unbewegte Position einnehmen. Die Zeitspanne bis zum Aufgeben und die des Unbewegtbleibens geben Aufschluss über seinen depressiven Gemütszustand.

Können Traumata positive Effekte haben?

Traumata wirken sich störend auf das Verhalten und den Körper aus, das ist gewiss. Aber können sie auch positive Effekte haben? Die Frage ist also, ob die Umweltfaktoren immer negativ sind oder ob sie auch bestimmte Vorteile mit sich bringen können.

Resilienz und Stressreaktion, sowohl beim Menschen als auch bei den Tieren gut bekannt, sind in individuellen Unterschieden der Stresssensibilität bedingt. Diese Unterschiede haben zum Teil eine genetische Basis, doch sind sie auch stark von den Lebenserfahrungen beeinflusst. Wenn man in der Kindheit einer Not- oder Gewaltsituation ausgesetzt ist und es schafft, diese zu überwinden, wird man zu einer besseren Reaktion in der Lage sein, wenn man sich erneut mit einem schwierigen Ereignis konfrontiert sieht.

Trifft dies auch für Mäuse zu? Und falls ja, übertragen die resilienten Mäuse diesen Trumpf auf ihre Nachkommen?

Um dies herauszufinden, wurde ausgewachsenen Mäusen, die einer traumatisierenden Erfahrung ausgesetzt worden waren, zeitweise das Wasser entzogen, um sie durstig zu machen. Dann wurden sie einzeln in einen Käfig mit einer Vorrichtung zum Wasserspenden gesetzt. Diese Vorrichtung gibt nur dann einige Tropfen ab, wenn das Tier zu einem bestimmten Zeitpunkt auf einen Hebel drückt: genau dann, wenn ein Lämpchen zunächst gelb aufleuchtet und dann nach einer Verzögerung von exakt sechs Sekunden grün wird. Drückt das Tier zu früh oder zu spät, erhält es kein Wasser, und der Versuch wird als Fehler verbucht.

Diese für einen Nager schwierige Aufgabe erfordert also eine aktive Strategie, um eine Herausforderung zu meistern. Nach einigen Wochen täglichen Trainings sind die Mäuse imstande, ihre Belohnung in Form von Wasser zu erhalten, ohne einen Fehler zu machen. Doch dann werden die Regeln geändert, und die Verzögerung verdoppelt sich auf zwölf Sekunden. Das ist eine neue Herausforderung, und für die Tiere ist es schwer, mit ihr umzugehen und sie zu überwinden. Doch nach einigen Wochen erneuten Trainings gelingt ihnen auch dies. Die Aufgabe wird aber noch einmal komplexer, und die Verzögerung verlängert sich von zwölf auf achtzehn Sekunden. Für ein durstiges Tier, das bereits seit Wochen seine Ressourcen mobilisiert hat, um sich an Schwierigkeiten anzupassen, sind diese Bedingungen extrem anstrengend.

Die Forschungsergebnisse belegen nun aber, dass die Tiere, die zuvor ein Trauma erlebt haben, eine bessere Performance zeigen und es ihnen häufiger gelingt, den Hebel im richtigen Augenblick zu betätigen, als den Mäusen aus der Kontrollgruppe. Sie sind imstande, sich an schwierige Umstände anzupassen und eine effizientere Strategie einzusetzen, um sie zu überwinden.

Überraschenderweise findet sich diese Fähigkeit auch bei ihren Nachkommen wieder, ohne dass diese selbst irgendein Trauma erlitten hätten. Es handelt sich also um eine Übertragung positiver Effekte ungünstiger Lebenserfahrungen. Diese Beobachtungen sind ermutigend, weil sie zeigen, dass eine Form von Widerstandsfähigkeit und Zähheit übertragbar ist.

Lässt sich das Epigenom positiv beeinflussen?

Wie wir gesehen haben, ist unser Genom, was die Gene (die codierende DNA) angeht, relativ starr und unveränderlich; seine Sequenz muss bewahrt bleiben, um sicherzustellen, dass die Gene funktionstüchtig sind. Es kann jedoch durch Mutationen spontan modifiziert oder beschädigt werden. Auslöser der Mutationen sind Mutagene, etwa chemische Produkte wie zum Beispiel Trichlorethen, UV-Licht und Röntgenstrahlung. Jede Zelle unterliegt täglich Tausenden von Beschädigungen ihres Genoms. Der größte Teil dieser Beschädigungen wird glücklicherweise wieder korrigiert durch Reparaturmechanismen der DNA, die im Allgemeinen wirksam sind, mit zunehmendem Alter aber an Effizienz einbüßen.

Eine Mutation oder eine Beschädigung der DNA, die nicht repariert wird, wird in der Zelle fortbestehen und kann irreversibel werden. Betrifft sie eine Kopie des Gens allein (zum Beispiel die väterliche

Kopie), wird die zweite Kopie den Fehler der anderen kompensieren. Sind jedoch beide Kopien betroffen, wird die Funktion des Gens geschädigt sein. Genetische Krankheiten sind einer oder mehreren Mutationen in bestimmten Genen geschuldet. Auch der nicht codierende Teil des Genoms (beim Menschen macht er 99 Prozent des Genoms aus) ist spontanen Änderungen der Sequenz unterworfen und kann mutieren, zerschnitten, neu arrangiert und verdoppelt werden. Doch haben diese Änderungen in den meisten Fällen keine schwerwiegenden Folgen, weil sie nicht direkt die Gene betreffen.

Das Epigenom ist das Dynamischste von allen. Der größte Teil der epigenetischen Marker ist in ständiger Umbildung begriffen, je nach der Umwelt und den Lebensentscheidungen, die wir fällen. In jeder Körperzelle ändern sich die DNA-Methylierung, die Histonmodifikationen und die nicht codierende RNA regelmäßig und erlauben so eine Steuerung des Genoms je nach Bedarf. Sind aber auch die epigenetischen Veränderungen, die durch Erfahrungen in der Vergangenheit ausgelöst wurden und den Zellen eingeprägt sind, dynamisch, und können sie eventuell korrigiert werden?

Um diese Frage zu beantworten, kann das Konzept der Epigenetik hinsichtlich negativer oder positiver Umweltfaktoren herangezogen werden. Da bestimmte epigenetische Veränderungen durch negative Faktoren wie Traumata oder unausgewogene Ernährung ausgelöst werden, kann man annehmen, dass auch positive Umweltfaktoren Modifikationen auslösen können –

und dass sie eventuell auch bestimmte Veränderungen durch negative Umwelteinflüsse zu korrigieren in der Lage sind.

Wieder sind es die Labormäuse, die ein ideales Modell für die Untersuchung dieser Hypothese abgeben. Zum Beispiel lässt sich folgende Frage stellen: Wenn man ausgewachsene Mäuse, die in ihrer frühen Lebensphase traumatisiert wurden (zum Beispiel durch Stress nach dem MSUS-Schema), angenehme und bereichernde Erfahrungen machen lässt – kann dies die epigenetischen Veränderungen in ihren Gehirn- oder ihren Keimzellen korrigieren?

Für ein Nagetier in einem Labor kann eine bereichernde Umwelt durch Lebensbedingungen als Teil einer sozialen Gruppe in einem großen Käfig mit Laufrädern, einem Labyrinth und Spielzeugen hergestellt werden. Eine solche Umgebung ist in emotionaler, sozialer und physischer Hinsicht stimulierend, was die kognitiven Funktionen und das Gedächtnis fördert. Die Studien zeigen, dass dieses Lebensmilieu in der Tat die verhängnisvollen Auswirkungen von Traumata korrigieren kann.[20] Einige der Verhaltensstörungen verschwanden, und der Methylierungsgrad der betroffenen Gene normalisierte sich sowohl in den Hirn- als auch in den Keimzellen.

Erstaunlicherweise sind auch hier die positiven Effekte ebenfalls bei der Nachkommenschaft zu erkennen. Die Jungen von Mäusemännchen, die zunächst traumatisiert und dann in einem bereichernden Umfeld gehalten wurden, zeigen normales Verhalten und haben ein gesundes Epigenom. Dies beweist klar, dass es zu einer Korrektur gekommen ist.

Daraus lässt sich schließen, dass die epigenetischen Mechanismen in der Tat dynamisch sind. Sie können durch negative Erfahrungen verändert werden, in bestimmten Fällen können diese Veränderungen durch eine positive Umwelt aber auch korrigiert werden, wodurch wieder ein normales Verhalten hergestellt und eine Übertragung der Auswirkungen von Traumata auf die Nachkommen verhindert wird.

Momentan ist es noch schwierig, das Prinzip der epigenetischen Reversibilität zu verallgemeinern. Falls eine Reversibilität möglich erscheint, ist es wichtig, den Faktor Zeit zu berücksichtigen. So unterstreicht Claudine Junien,[21] Professorin für Genetik und Direktorin des französischen Forschungsverbunds »Entwicklungs- und Reproduktionsbiologie« (unter Beteiligung der nationalen Forschungsorganisation CNRS), dass die Reversibilität weit davon entfernt ist, die Regel zu sein. Sie stützt sich dazu auf jüngere Studien, die zeigen, dass eine vorgeburtliche Wachstumsverzögerung, bedingt durch Unterernährung während der Trächtigkeit, bei Ratten epigenetische Veränderungen verursacht, die für zwei Monate reversibel sind, jedoch nicht mehr beim ausgewachsenen Tier. Die Auswirkungen sind also reversibel, aber nicht für immer.

DRITTER TEIL Auf dem Weg zu einer neuen, gesunden Lebensweise

Wir haben nun gesehen, dass nicht allein unser Gencode uns definiert, sondern dass auch seine Aktivität moduliert werden kann. Aber was machen wir jetzt aus dieser Erkenntnis? Welche konkreten Faktoren sind es, die die Expression unserer Gene aktivieren oder verhindern?

Stress, unausgewogene Ernährung, endokrine Disruptoren oder Tabakrauchen sind mit Sicherheit Kernelemente. Doch es gibt auch weitere. Es wäre einfach, den Rat zu erteilen, sich gesund zu ernähren, ausreichend zu schlafen, Schadstoffe zu vermeiden, ein harmonisches Sozialleben zu führen ... Das sind alles gut gemeinte Ratschläge, die Sie längst kennen. Wir haben uns daher entschieden, uns auf die Dinge zu konzentrieren, die durch Forschungsstudien bestätigt wurden, und Ihnen Überlegungen nahezubringen, die um die zentralen Fragen kreisen: Welchen Körper und welchen Geist möchten Sie sich formen? Welches Erbe möchten Sie gern weitergeben?

Diese beiden Fragen können zum Fundament einer neuen Art zu denken und einer neuen Idee von gesunder Lebensführung werden.

Wie wir unser Epigenom durch unsere Ernährungsweise verbessern können

Unter den unser Genom beeinflussenden Faktoren nimmt die Art, wie wir uns ernähren, eine zentrale Rolle ein. Die Nahrung liefert die unabdingbaren Nährstoffe für das gute Funktionieren der unterschiedlichen Zellen unseres Organismus. Heute wissen wir, dass bei einem Teil dieser Effekte das Epigenom direkt beteiligt ist. Während der letzten fünfzehn Jahre haben zahlreiche Studien Verbindungen zwischen bestimmten Nährstoffen und epigenetischen Modifikationen bewiesen.

Bestimmte Nährstoffe spielen bei der Expression unserer Gene eine Schlüsselrolle. Das gilt zum Beispiel für bestimmte Mineralien und Vitamine sowie die Antioxidantien. Eine Versorgung mit allen diesen verschiedenen Nährstoffen in der jeweils richtigen Dosis wird nach heutigem Stand durch eine Ernährung nach dem Vorbild der Kreta-Diät sichergestellt. Sie besteht aus dem Verzehr von viel frischem Obst und Gemüse, Getreide und Hülsenfrüchten, aber auch Fisch und gutem Fett (vor allem pflanzliche Öle). Das Geheimnis eines gesunden Genoms und eines möglichst langen Lebens besteht aber auch in Genügsamkeit. Eine kalorienreduzierte Ernährung hat einen positiven Einfluss auf die Expression bestimmter Gene.

Die Optimierung unseres Methylkapitals durch unsere Ernährung

Wie wir in den vorangegangenen Kapiteln gesehen haben, hängt die Aktivierung oder Deaktivierung unserer Gene von mehreren epigenetischen Faktoren ab, zu denen die DNA-Methylierung gehört. Die Methylierung vollzieht sich durch eine Kaskade biochemischer Reaktionen, für die Nährstoffe eine wesentliche Rolle spielen. Vor allem die Vitamine A1 (Retinol), B2 (Riboflavin), B6 (Pyridoxin), B9 (Folsäure) und B12 (Cobalamin), aber auch Cholin und Betain sind für diese Kaskaden unabdingbar. Hinzu kommen »Aktivatoren«, die diese Reaktionen begünstigen, wie Zink oder Magnesium, außerdem bioaktive Verbindungen, die natürlicherweise in Lebensmitteln pflanzlichen Ursprungs vorkommen, wie das Resveratrol der Trauben, die Isoflavone des Soja oder das Beta-Carotin der Aprikosen. Die Funktionsweisen dieser Verbindungen sind vielfältig. Sie wirken vor allem auf die Steuerung der Transkription, die DNA-Reparatur und die Mechanismen zum Einfangen der für die Zellen giftigen freien Radikalen.

Zu den aktiven Nährstoffen gehören auch das Isothiocyanat Sulforaphan und das Indol-3-Karbinol, die in Kreuzblütlern wie Brokkoli, Rosenkohl oder Kresse enthalten sind. Sie agieren als Methylierungsblocker und können auf Gene einwirken, die bei Brust- und Dickdarmkrebs eine Rolle spielen. Epigallocatechingallat, von dem grüner Tee sehr viel enthält, blockiert die Methylierung der Histone und kann die Expression von krebsunterdrückenden Genen reaktivieren.

Im Zentrum des komplexen Prozesses der Methylierung steht das Methionin, eine der neun essenziellen Aminosäuren, die der Mensch benötigt, aber nicht selbst bilden kann. Sie kommt in allen proteinhaltigen Nahrungsmitteln vor, seien sie tierischer oder pflanzlicher Art (wie Nüsse, Samen oder auch Soja). Wie der Name schon verrät, gehört eine Methylgruppe zu seinen Bestandteilen, die die Grundlage der Methylierung darstellt. Damit der Prozess stattfindet, muss zunächst das Methionin im Stoffwechsel aktiv werden. Dies setzt seine Umwandlung in S-Adenosyl-L-Methionin (SAM) voraus, die mithilfe von Energie in Form von Adenosintriphosphat (ATP), dem universellen Energieträger in Zellen, und Magnesium stattfindet. Das S-Adenosyl-L-Methionin ermöglicht die Methylierung, weil es imstande ist, seine Methylgruppe an eine Partnerverbindung wie die DNA, die RNA oder die Proteine abzugeben. Dadurch verwandelt es sich in S-Adenosyl-L-Homocystein, dann in Adenosin und Homocystein, um schließlich recycelt zu werden.

Zwar ist das Methionin für diesen Prozess essenziell, ein Überschuss davon hat jedoch eine verhängnisvolle Wirkung. Es besteht das Risiko einer Hypermethylierung und einer Überproduktion von Homocystein, das, wenn es sich ansammelt, für den Organismus toxisch wird. Ein Übermaß an Homocystein ist seit mehr als vierzig Jahren als Risikofaktor für Herz-Kreislauf-Erkrankungen bekannt. Es verursacht Verletzungen der Innenschicht der Arterien und bildet damit eine Ursache für Atherosklerose. Glücklicherweise existieren natürliche Steuerungsmechanismen. Eine Hypermethylierung verhindert zum Beispiel das Glycin, eine weitere essenzielle Aminosäure, die in der Haut und den Knochen vorkommt (das macht Knochenbrühe so interessant), durch seine »Tampon«-Funktion.

Andere Prozesse ermöglichen das Recycling des Homocysteins, wodurch verhindert wird, dass es sich zu sehr ansammelt. Der simpelste Mechanismus besteht darin, dass ihm wieder eine Methylgruppe angefügt wird, wodurch es sich wieder in Methionin verwandelt. Diese »Wiederverwertung« wird durch eine Zufuhr an Folsäure in Verbindung mit Vitamin B12 durch den »Folsäurezyklus« ermöglicht oder an Cholin in seiner aktiven Form, dem Trimethylglycin (TMG). Aus Homocystein wird durch einen Prozess der Transsulfuration auch Glutathion gebildet, das das wichtigste Antioxidans im menschlichen Körper ist. Dieser Prozess ist der wichtigste, und er erfordert das

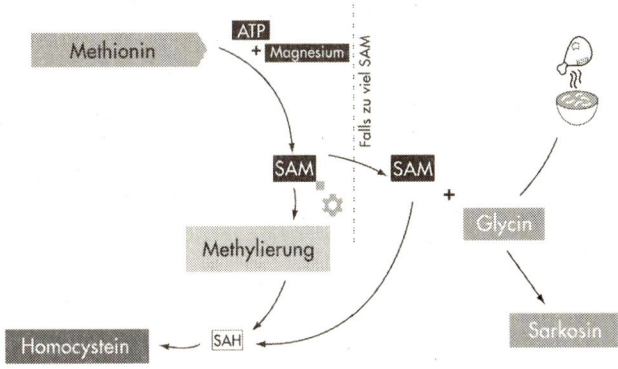

Der Methionin-Stoffwechsel

Eingreifen mehrerer Nährstoffe, vor allem Vitamin B6, der Aminosäure Serin und Glycin.

Damit die Methylierung optimal abläuft, muss man seinem Organismus alle diese Nährstoffe in ausreichender Menge zuführen, jedoch auch nicht im Übermaß, um eine potenziell nachteilige Hypermethylierung zu vermeiden. Hier einige interessante Quellen dieser Nährstoffe[22]:

Das Methionin, dem bei der Methylierung eine so zentrale Rolle zukommt, kann der Körper nicht selbst bilden. Als essenzielle Aminosäure muss es dem Körper zugeführt werden. Der Tagesbedarf liegt bei 10,4 mg pro Kilogramm Körpergewicht, eine Menge, die bei abwechslungsreicher und ausgewogener Ernährung normalerweise erreicht wird.

Einige gute Methioninquellen sind:

- Paranüsse (1120 mg pro 100 g)
- mageres rotes Fleisch und Lamm (980 mg pro 100 g)
- Parmesan und Gruyère (960 mg pro 100 g)
- weißes Fleisch wie Huhn oder Pute (925 mg pro 100 g)
- Schweinefleisch (850 mg pro 100 g)
- Fettfische wie Lachs, Sardine und Makrele sowie Meeresfrüchte (835 mg pro 100 g)
- Sesamsamen (585 mg pro 100 g)
- Soja (535 mg pro 100 g)
- hart gekochte Eier (390 mg pro 100 g)
- Joghurt (170 mg pro 100 g)

Vitamin B2 (Riboflavin) ist in pflanzlichen wie in tierischen Produkten enthalten, wobei das Risiko eines Mangels relativ gering ist. Die empfohlene Tagesdosis liegt bei etwa 1,6 mg pro Tag für Männer und 1,5 mg pro Tag für Frauen.

Einige gute Vitamin-B2-Quellen sind:

- gebratene Leber von Rind, Färse, Geflügel und Kalb (zwischen 2 und 4 mg pro 100 g)
- Nährhefe (4 mg pro 100 g)
- Niere von Rind und Lamm (2 bis 3 mg pro 100 g)
- Milchpulver (1,8 mg pro 100 g)
- ungeschälte Mandeln (0,9 mg pro 100 g)
- aus Rohmilch hergestellter Camembert (0,64 mg pro 100 g)

Vitamin B6 (Pyridoxin) kommt in zahlreichen Lebensmitteln wie Fleisch und Fisch, Hefe und Weizenkeimen, Eiern, Milchprodukten, Nüssen und Samen oder Vollkorngetreide vor. Die empfohlene Tagesdosis liegt bei etwa 1,8 mg bei Männern und 1,5 mg bei Frauen.

Einige gute Vitamin-B6-Quellen sind:

- Nährhefe (2,6 mg pro 100 g)
- gebratene Leber von Geflügel, Färse und Kalb (zwischen 1 und 2,3 mg pro 100 g)
- Weizenkeime (1,93 mg pro 100 g)
- Pistazien (1,41 mg pro 100 g)
- Sonnenblumenkerne (1,24 mg pro 100 g)
- Haferflocken (1,1 mg pro 100 g)
- gebratene Seezunge (1 mg pro 100 g)

Vitamin B9 (Folsäure) findet sich grundsätzlich sowohl in Blattgemüse und Salat (Spinat, Blattsalat) als auch in Nährhefe, Innereien und im Eigelb. Vitamin-B-Mangel ist keine seltene Erscheinung und äußert sich in Müdigkeit, Appetitlosigkeit, Blässe und Atembeschwerden bei körperlicher Anstrengung. Folsäure ist im Übrigen auch für die gesunde Entwicklung des Fötus bereits ab Schwangerschaftsbeginn wesentlich, weshalb Frauen mit Kinderwunsch das Vitamin zusätzlich einnehmen sollten *(siehe auch Seite 176)*. Die empfohlene Tagesdosis liegt bei 330 µg für Erwachsene und bei 400 µg für Schwangere oder stillende Mütter.

Einige gute Vitamin-B9-Quellen sind:

- Nährhefe (2500 µg pro 100 g)
- Leber von Huhn, Kalb, Färse, Lamm, Dorsch (zwischen 263 bis 578 µg pro 100 g)
- gekochtes Eigelb (244 µg pro 100 g)
- Kerbel (220 µg pro 100 g)
- Kastanienmehl (215 µg pro 100 g)
- Brunnenkresse (214 µg pro 100 g)
- Haselnüsse (198 µg pro 100 g)
- frische Petersilie (197 µg pro 100 g)
- roher Wakame (196 µg pro 100 g)
- Sonnenblumenkerne (182 µg pro 100 g)
- roher Spinat (175 µg pro 100 g)
- roher Sauerampfer (152 µg pro 100 g)
- roher Grünkohl (141 µg pro 100 g)
- frischer Schnittlauch (125 µg pro 100 g)

Vitamin B12 (Cobalamin) ist grundsätzlich in Produkten tierischen Ursprungs enthalten, insbesondere in Meeresfrüchten (Venusmuscheln), aber auch in Fleisch im Allgemeinen, Eiern und Milchprodukten. Bei veganer Ernährungsweise ist die Einnahme von Vitamin B12 als Nahrungsergänzung unumgänglich. Die empfohlene Tagesdosis liegt bei etwa 2,4 µg für Erwachsene.

Einige gute Vitamin-B12-Quellen sind:

- gebratene Lammniere (79 µg pro 100 g)
- gebratene Kalbsleber (71,4 µg pro 100 g)

- Venusmuscheln (39,5 µg pro 100 g)
- Strandschnecken (36 µg pro 100 g)
- Austern (24,1 µg pro 100 g)
- Makrele (19 µg pro 100 g)
- Anchovis in Olivenöl (16 µg pro 100 g)
- Ölsardinen (13,8 µg pro 100 g)

Cholin ist ein Nährstoff, den man klassischerweise der Familie der B-Vitamine zuordnet (es wird manchmal auch als Vitamin B4 bezeichnet). Es ist die Hauptquelle der Methylgruppen. Laut Ernährungsexperten tritt Cholinmangel häufig auf. Es gibt keine empfohlene Tagesdosis, aber man nimmt an, dass der Tagesbedarf bei 550 mg für Männer und 425 mg für Frauen liegt (450 mg während der Schwangerschaft und 550 mg während der Stillzeit). Cholin kann auch im Körper aus der Aminosäure Glycin gebildet werden *(siehe Seite 144)*.

Einige gute Cholinquellen sind:

- Leber (zwischen 300 und 400 mg pro 100 g)
- Eier (250 mg pro 100 g)
- Austern (101 mg pro 100 g)
- Fleisch und Fisch (70 bis 100 mg pro 100 g)
- Shiitake-Pilze (59,4 mg pro 100 g)
- roher Blumenkohl (44 mg pro 100 g)
- grünes Blattgemüse (42,5 mg pro 100 g)
- Rosenkohl (40,6 mg pro 100 g)

Zink ist ein Mineral, das bei der Immunabwehr und der Wundheilung eine zentrale Rolle spielt. Es wirkt zugleich entzündungshemmend und als Antioxidans. Die empfohlene Tagesdosis liegt bei 12 bis 13 mg für Männer und 10 mg für Frauen (14 mg während der Schwangerschaft, 19 mg während des Stillens).

- Einige gute Zinkquellen sind:
- Austern (21,3 mg pro 100 g)
- Kalbsleber (13,2 mg pro 100 g)
- Roggenbrot (10 mg pro 100 g)
- Kürbiskerne (7,8 mg pro 100 g)
- Languste (7,27 mg pro 100 g)
- ungezuckertes Kakaopulver (6,87 mg pro 100 g)
- Sesamsamen (5,74 mg pro 100 g)
- Nährhefe (5,7 mg pro 100 g)

Magnesium ist ein Mineral, das für das Funktionieren der Muskulatur und das nervliche Gleichgewicht wesentlich ist. Magnesiummangel tritt häufig auf. Er manifestiert sich hauptsächlich in Krämpfen, Müdigkeit, Schlaflosigkeit, Angstzuständen und sogar Depression, Herzflattern. Die empfohlene Tagesdosis liegt bei 410 bis 420 mg für Männer und 360 mg für Frauen.

Einige gute Magnesiumquellen sind:

- Roggenkörner (592 mg pro 100 g)
- Rohkakao (499 mg pro 100 g)
- Sardinen in Olivenöl (467 mg pro 100 g)

- Leinsamen (392 mg pro 100 g)
- Paranüsse (366 mg pro 100 g)
- Chiasamen (335 mg pro 100 g)
- Strandschnecken (310 mg pro 100 g)
- Weizenkeime (256 mg pro 100 g)
- Cashewnüsse (247 mg pro 100 g)
- Mandeln (232 mg pro 100 g)
- Kurkumapulver (208 mg pro 100 g)

Der eine Ratschlag, den Sie sich merken müssen, lautet: Um mit allen diesen Nährstoffen versorgt zu sein, die, wie wir gesehen haben, jeder für sich eine Rolle bei der Methylierung spielen, bedarf es einer abwechslungsreichen und ausgewogenen Ernährung, die natürliche, nicht industriell verarbeitete Produkte umfasst, die reich an wesentlichen Inhaltsstoffen sind. Die Methylierung ist kein isolierter Prozess, sondern vollzieht sich unter der Beteiligung von Nährstoffen, die zuvor bereits bei anderen Mechanismen zum Einsatz kamen. Damit sie zur »Wiederverwertung« zur Verfügung stehen, ist es daher wesentlich, sie in ausreichender Menge zuzuführen.

Ein letzter Rat: Konsumieren Sie, soweit möglich, Produkte aus ökologischer Landwirtschaft, die nicht mit Pestiziden kontaminiert sind. Insbesondere Getreide und Körner akkumulieren Pestizide in ihrer Hülle, die als endokrine Disruptoren Veränderungen Ihres Epigenoms hervorrufen.

Die Schlüsselrolle der sekundären Pflanzenstoffe

Neben der Methylierung tragen weitere biochemische Prozesse zur Bildung des epigenetischen Codes bei, die das Genom auf ganz andere Art modifizieren können. Insbesondere können die Histone *(siehe Seite 93)* acetyliert oder phosphoryliert werden und dadurch ihre Form, Stabilität oder ihre Verbindung mit der DNA verändern.

Wie die Methylierung benötigt auch die Acetylierung bestimmte sekundäre Pflanzenstoffe, auch Phytonährstoffe oder Phytochemikalien genannt. Dabei handelt es sich um verschiedene chemische Verbindungen, die natürlicherweise in pflanzlichen Lebensmitteln vorkommen *(siehe Seite 142)*. Die Phytonährstoffe sind weder Vitamine noch Mineralien, noch bezeichnet man sie als »essenziell« (wie bestimmte Aminosäuren), weil es, wenn sie fehlen, nicht zum Zelltod kommt. Aber es handelt sich vor allem um wirkungsvolle Antioxidantien. Sie schützen den Körper gegen die Angriffe der freien Radikalen, reaktiven Molekülen, die beim Sauerstoffverbrauch in den Zellen entstehen und für den oxidativen Stress verantwortlich sind. Die Phytonährstoffe verhindern vorzeitige Alterung sowie die Entstehung von Herz-Kreislauf-Erkrankungen sowie Krebs und wirken entzündungshemmend, schützen den Organismus also insgesamt vor äußeren Aggressoren.

Eine Forschungsstudie zu den Polyphenolen hat gezeigt, dass sie das Epigenom in verschiedenen Bereichen des Körpers dauerhaft modifizieren können.[23] Die Modifikationen können überall auf dem Genom in Erscheinung treten, vor allem auf den Genen, die mit der Entwicklung und dem Funktionieren der Zellen und dem Stoffwechsel in Verbindung stehen, aber auch auf Genen, die bei Krebs beteiligt sind, wie die Onkogene. Die Effekte einiger Nährstoffe auf das Epigenom sind nur wenige Stunden nach dem Genuss bestimmter Lebensmittel direkt im Blut sichtbar. Das gilt für Brokkoli, der Sulforaphan enthält, ein Antioxidans, das stark in Kreuzblütengewächsen vorkommt.

In den 1990er- und 2000er-Jahren erlaubten experimentelle Studien, die *in vitro* und durch Tierversuche durchgeführt wurden, die zahlreichen Wirkmechanismen des Sulforaphan in Aktion zu identifizieren. Das Sulforaphan hat einen Entgiftungseffekt und entfaltet im Organismus eine anhaltende antioxidantierende Wirkung. Es kann auch den Ablauf der Zelltodmechanismen reduzieren und die Rezeptoren der Androgene blockieren, die bei Prostatakrebs beteiligt sind. Erst kürzlich wurde belegt, dass es darüber hinaus als Schutzfaktor des Genoms eine Rolle spielt. In den Epithelzellen der Prostata und den Tumorzellen des Kolons hemmt es die Histon-Deacetylasen (HDAC), Enzyme, die die Acetylgruppen der Proteine entfernen, und verhindert so den Verlust dieser Gruppen, die für die funktionierende Kontrolle der Gene nötig sind. Im Effekt wird das Zellwachstum verlangsamt.[24]

Das Resveratrol ist ein weiteres sehr wirksames Antioxidans. Es ist ein natürliches Polyphenol, das in bestimmten Früchten wie Himbeeren, Brombeeren und Weintrauben vorkommt (und damit auch in Traubensaft und im Wein); auch in Erdnüssen ist es enthalten. Eine Studie hat gezeigt, dass dieses Polyphenol »die epigenetische Stummschaltung« des Gens BRCA-1 verhindert, das die Entwicklung von Tumoren unterdrückt und vor allem vor Brustkrebs schützt (die Abkürzung BRCA steht für *breast cancer*).[25] Frauen, die Trägerinnen einer Mutation dieses Gens oder seines Geschwistergens BRCA-2 sind, haben ein höheres Risiko, einen Tumor in der Brust zu entwickeln.[26] Man weiß also jetzt, dass das Epigenom dieser, aber auch anderer Gene, die die Versorgung und Differenzierung der Zellen steuern, eine Hauptrolle spielt und für Brustkrebs verantwortlich ist. Im Gegensatz zu genetischen Mutationen aber, die nicht korrigierbar sind und manche betroffene Frau dazu gebracht haben, sich einer präventiven Brustamputation zu unterziehen, sind epigenetische Veränderungen potenziell reversibel.

Zahlreiche Studien haben auch die Wirkung der Isoflavone aufgezeigt, Substanzen, die man hauptsächlich in Soja findet, aber auch in anderen Hülsenfrüchten wie grünen Bohnen, Mungbohnen, Luzernen, Kichererbsen und Erdnüssen. Sie wirken als Phyto-Östrogene und beugen der Bildung von Tumoren vor. Verschiedene Studien der letzten zehn Jahre[27] zeigen, dass sie auf die epigenetischen Hauptmechanismen Einfluss nehmen, einschließlich der DNA-Methylierung und der Histonmodifikation, und so zur Krebsvorbeugung beitragen.

Als epigenetisch wirksame Nährstoffe ließen sich genauso noch das Quercetin nennen, das in Äpfeln, Zwiebeln, Tomaten, Weintrauben oder Brokkoli vorkommt, oder auch das Polyphenol des Kurkuma[28] oder Curcumin, ein bekannter Regulator der Acetylasen und der Deacetylasen.

Ein anderes Beispiel eines Lebensmittels, das einen direkten Effekt auf das Epigenom haben kann, ist Tee. In einer jüngeren Studie[29] hat ein Konsortium europäischer Forscher gezeigt, dass der regelmäßige Genuss von grünem oder schwarzem Tee bei Frauen epigenetische Modifikationen anstoßen kann, vor allem in Bezug auf den Östrogenstoffwechsel sowie Krebs. Diese Ergebnisse bestätigen frühere Studien, die belegten, dass grüner Tee eine anti-östrogenetische, antikarzinogene und entzündungshemmende Wirkung entfaltet. Diese Effekte treten bei Genuss von Kaffee nicht auf, was in der Kohorte ebenfalls überprüft wurde.

Etliche weitere Studien belegen die Rolle der Phytonährstoffe bei den epigenetischen Mechanismen, sodass sie hier nicht alle erwähnt werden können.[30] Die wichtigste Erkenntnis lautet, dass die Nahrung, die wir zu uns nehmen, einen Einfluss auf unser Epigenom hat, auch wenn noch nicht im Detail geklärt ist, auf welche Weise. Was wir essen, bestimmt, wer wir sind: Sich dies bewusst zu machen und dem Rechnung zu tragen ist bereits ein großer Schritt, um bei Lebensmitteln die richtige Auswahl zu treffen.

Mehrere Hundert Arten von Phytonährstoffen wurden bereits entdeckt. Sie unterteilen sich in drei große Familien: die Phenolverbindungen oder Polyphenole, die Terpene und die Schwefelverbindungen.

Zu den Phenolverbindungen oder Polyphenolen zählen:

- Flavonoide (Anthozyane, Isoflavonoide, Flavonole, Flavone). Die Hauptquellen sind Gemüse, Obst, grüner Tee, Soja, rote Beeren.
- Phenolsäuren (Ferula-, Kaffee-, Cuma-, Ellag- und Gallussäure). Die Hauptquellen sind Vollkorngetreide, rote Früchte, Weintrauben, Zitrusfrüchte.
- Tannine. Die Hauptquellen sind Tee, Weintrauben, Wein, Bohnen, Linsen.

Zur Familie der Terpene gehören:

- Carotinoide (Beta-Carotin, Lycopin, Lutein, Zeaxanathin). Man findet sie in orangen Früchten und orangem Obst (Karotten, Mango, Aprikosen) sowie in grünblättrigem Gemüse.
- Limonoide. Sie sind in den Zitrusfrüchten enthalten (Zitrone, Orange, Grapefruit, Clementine).

Die Familie der Schwefelverbindungen umfasst:

- Organoschwefelverbindungen. Dazu gehört das in Knoblauch vorkommende Allicin.
- Isothiocyanate. Hierzu zählt Sulforaphan, das in

Kreuzblütlern zu finden ist (Weißkohl, Blumenkohl, Rosenkohl, Brokkoli, weiße Rüben, Kresse, Rucola, Rettich, Radieschen).

Der Schlüssel zu einer an Phytonährstoffen reichen Ernährung: die Farbe!

Die als Phytonährstoffe bezeichneten sekundären Pflanzenstoffe sind natürliche Pigmente, die Obst und Gemüse die schönen Farben geben. Orange, Karotte, Süßkartoffel, Zuckermelonen oder Aprikosen enthalten zum Beispiel Beta-Carotin; grünes Obst und Gemüse (Spinat, Brokkoli, Erbsen, grüne Paprika, Kiwi) versorgen uns mit Lutein und Indol; blau-violette Früchte und Gemüse (Blaubeeren, Brombeeren, schwarze Weintrauben, Auberginen) sind reich an Antioxidantien und an Polyphenolen; eine rote Farbe (Tomaten, Rote Bete, Kirschen) verweist auf einen hohen Gehalt an Lycopin.

Die goldene Regel, um sicherzugehen, dass Sie von all diesen verschiedenen Stoffen genügend zu sich nehmen, lautet: Bringen Sie Farbe auf Ihren Teller! Je bunter er ist, desto mehr wird Ihr Epigenom davon profitieren.

Die »epigenetische Diät« in der Praxis

Gibt es epigenetisch betrachtet ein Ernährungsmodell? Eine Art Diät, die es erlaubt, all diese wertvollen Nährstoffe in idealer Dosierung zu sich zu nehmen? Das ist in der Tat so.

Eines der Modelle, auf die wir uns dabei stützen können, ist die mediterrane Ernährungsweise oder »Kreta-Diät«. Sie ist reich an Polyphenolen, und das intensiv verwendete Olivenöl wirkt direkt auf die Expression bestimmter Gene ein, vor allem solcher, die in Zusammenhang mit Atherosklerose stehen.[31]

Aufgrund zahlreicher Studien kennt man heute die vielfältigen positiven Wirkungen dieser Ernährungsweise: Vorbeugung von Herz-Kreislauf-Erkrankungen, Verringerung des Krebs- und des Diabetesrisikos, höhere Lebenserwartung und ein allgemein besserer Gesundheitszustand.

In der Praxis basiert eine epigenetisch wertvolle Ernährungsweise auf folgenden Elementen:

• Ein großer Anteil an verschiedenen Gemüsen, idealerweise von unterschiedlicher Farbe und in Bio-Qualität, stets nach Saison. Dies muss die Basis der Mahlzeit darstellen und darf nicht bloß als Beilage gesehen werden.
• Täglicher Verzehr von frischem Obst (mindestens zwei Portionen am Tag), getrockneten Früchten (Datteln, Feigen, Aprikosen, Pflaumen) und Ölfrüchten

(Mandeln, Haselnüsse, Walnüsse, Samen beziehungsweise Kerne). Das Obst muss frisch und gründlich
gewaschen sein, um Pestizidrückstände möglichst
zu beseitigen, am besten wählen Sie allerdings Bio-
Früchte.

- Täglicher Verzehr von Getreideprodukten, vorzugs-
weise wenig verarbeitete Produkte aus ökologischer
Landwirtschaft (Vollkornbrot, Vollkornnudeln,
Vollkornmehl).

- Regelmäßiger Verzehr von Hülsenfrüchten, mindestens zwei- bis dreimal pro Woche. Es ist wichtig, dabei die Regeln zum Einweichen und Kochen
zu beachten, um potenziell schädliche Substanzen
(Antinährstoffe) zu beseitigen.

- Gemäßigter Verzehr von Fleisch, Fisch und Eiern
(eine Portion des einen oder anderen pro Tag).
Bevorzugen Sie mageres Fleisch von guter Qualität, und essen Sie mindestens einmal, idealerweise
zwei- bis dreimal in der Woche Fisch. Wählen Sie am
besten kleine Fettfische (Sardinen, Anchovis, Mak-
relen). Eier – höchstens sieben pro Woche – sollen
anstelle von Fleisch oder Fisch verzehrt werden,
nicht zusätzlich.

- Täglicher Verzehr von Fett, vorzugsweise Oliven-
und Rapsöl.

- Verwendung von Zwiebeln, Knoblauch, Kräutern
und Gewürzen. Es sollte nicht zu viel Salz verwendet werden.

- Täglicher Verzehr von Milchprodukten, vorzugsweise Ziegen- und Schafsmilch beziehungsweise

daraus hergestellter Käse und Joghurt. Auch hier ist Bio-Produkten Vorzug zu geben.

- Zurückhaltung beim Verzehr von zuckerhaltigen Produkten. Limonaden und andere zuckerhaltige Getränke sollten nur in geringem Maße konsumiert werden, süßes Gebäck und Süßigkeiten nur an Festtagen. Schokolade, vorzugsweise dunkle mit einem Kakaogehalt von mindestens 70 Prozent, sollte nur gelegentlich verzehrt werden.

- Viel und hauptsächlich Wasser trinken. Kaffee (höchstens drei Tassen pro Tag) ist erlaubt, wenn er ungezuckert und ohne Milch getrunken wird. Sehr empfohlen ist es, täglich grünen Tee zu trinken. Alkoholische Getränke dürfen in Maßen getrunken werden, wobei Rotwein der Vorzug zu geben ist.

Inspirieren kann auch die japanische Küche, genauer gesagt die Ernährungsweise der Bewohner der Insel Okinawa, wo bis in die 2000er-Jahre hinein der Anteil der Überhundertjährigen einer der höchsten weltweit war. Das Geheimnis ihrer Anti-Aging-Diät: regelmäßiger Genuss von grünem Tee, Soja (das reich an Isoflavonen ist, *siehe Seite 154*), Gemüse, Kräutern und Gewürzen (Kohl, Rettich, Portulak, Zwiebeln und nicht zu vergessen die an Beta-Carotin reichen Süßkartoffeln) sowie Fettfisch, der mehrfach ungesättigte Fettsäuren enthält.

Warum bio so wichtig ist

Umweltschadstoffe gehören zu den wichtigsten Störfaktoren des Epigenoms. Darum ist es so wichtig, darauf zu achten, sich so weit es geht mit Bio-Produkten zu ernähren. Damit vermeidet man den Verzehr von Pestizidrückständen, die als endokrine Disruptoren eine schädigende Wirkung auf das Hormonsystem haben. Es wäre ärgerlich, wenn der positive Effekt einer an frischem Obst, Gemüse und Getreide reichen Ernährung durch eine schädliche Wirkung aufgrund der Kontamination durch Pestizide zunichtegemacht würde.

Die positiven Effekte der kalorienreduzierten Ernährung

Eine kalorienreduzierte Diät wird heute als eines der effektivsten Mittel zum Aufhalten des Alterungsprozesses betrachtet. Der Zusammenhang zwischen Kalorienreduzierung und Lebenserwartung erweckt das Interesse der Forschung bereits seit fast einem Jahrhundert. In den 1930er-Jahren wurden Versuche mit Ratten durchgeführt, deren Kalorienzufuhr um 50 Prozent reduziert wurde. Sie zeigten, dass es möglich war, ihre Lebenserwartung dadurch um mehr als

50 Prozent zu erhöhen,[32] wobei eine optimale Versorgung mit Nährstoffen natürlich Voraussetzung ist.

Beim Menschen konnte dieser Zusammenhang bislang noch nicht definitiv belegt werden, aber einige Untersuchungen untermauern, dass Kalorienreduzierung eines der Geheimnisse der Langlebigkeit der Inselbewohner von Okinawa ist, die berühmt für ihre Ernährungsweise, aber auch für ihre Genügsamkeit sind.

Seit vielen Jahren versuchen Forscher, dieses Phänomen zu erklären. Jüngere Studien stützen die These, dass daran eine Verlangsamung des altersbedingten Fortschreitens der Methylierung (auch als »epigenetische Drift« bezeichnet) beteiligt ist. Amerikanische Forscher[33] haben die These aufgestellt, dass die Geschwindigkeit, mit der sich das Epigenom mit dem Alter ändert, in Zusammenhang mit der Lebenserwartung der Spezies steht. Im Klartext: Die epigenetische Drift schreitet bei Mäusen schneller fort als bei Affen, und bei den Affen schneller als beim Menschen. Daraus schlossen die Forscher, dass die Lebenserwartung einer Spezies umso niedriger ist, je höher die Quantität der epigenetischen Veränderungen. Um die Lebenserwartung zu erhöhen, gilt es also, die epigenetische Drift zu verlangsamen. Und dies gelingt durch Kalorienreduzierung.

In der Praxis hat eine Studie, die Forscher des französischen Instituts für Gesundheit und medizinische Forschung Inserm *(Institut national de la santé et de la recherche médicale)* mit an Lymphomen leidenden Mäusen durchgeführt haben,[34] gezeigt, dass eine

Reduzierung der Nahrungsmenge um 25 Prozent die Wirksamkeit einer bestimmten chemotherapeutischen Behandlung erhöhte, indem die Expression der an der Tumorentwicklung beteiligten Onkogene modifiziert wurde. Wie die Forscher feststellten, ermöglicht die Kalorienreduzierung, die Expression eines dieser Gene (McL-1) um 40 Prozent zu reduzieren. Ein Medikament, das sich normalerweise wenig wirksam bei der Unterdrückung dieses Gens zeigt, wurde effektiver. Die Lebenserwartung der erkrankten Mäuse wurde von dreißig Tagen ohne spezielle Diät auf einundvierzig Tage bei kalorienreduzierter Ernährung erhöht.

Natürlich sind weitere Untersuchungen nötig, um diese Effekte beim Menschen zu verifizieren. Man weiß mittlerweile allerdings, dass eine kalorienreduzierte Diät bei Krebskranken nicht zu empfehlen ist. Daher ist es wichtig, durch bestimmte Versuchsanordnungen (zum Beispiel ein zeitlich begrenztes Fenster der Kalorienreduzierung genau vor einer Chemotherapie) die Effektivität eines Therapieansatzes zu verifizieren. »Im Übrigen«, erklärt Jean-Ehrland Ricci, einer der Co-Autoren der Studie, »haben wir bei diesem Versuch ein Viertel der gesamten Nahrung der Tiere reduziert. Vielleicht wäre eine Verringerung lediglich von zucker- oder fetthaltiger Nahrung ausreichend gewesen. Das ist etwas, das wir ebenfalls verifizieren müssen.«[35]

Was wir außerdem für ein gesundes Epigenom tun können

Neben der Ernährung beeinflussen weitere Schlüssel-faktoren die Aktivierung oder Stummschaltung der Gene.

Körperliche Aktivität: konkrete Auswirkungen auf das Epigenom

Gesundheit und körperliche Aktivität sind untrenn-bar miteinander verbunden. Bis heute ist nicht belegt, durch welche Mechanismen der gesundheitsfördernde Effekt zustande kommt. Was man inzwischen mit Sicherheit weiß, ist, dass sportliche Aktivität eine posi-tive Auswirkung auf die Genexpression hat.

Der schwedische Forscher Carl Johan Sundberg und sein Forschungsteam vom Institut Karolinska in Stock-holm[36] haben gezeigt, dass regelmäßiges physisches

Training eine epigenetische Wirkung auf den Zellkern der Muskelzellen hat. Für diese Studie baten die Forscher 23 Männer und Frauen, auf einem Standrad zu trainieren, und untersuchten, welche Veränderungen der DNA-Methylierung durch die physische Aktivität ausgelöst wurden.

Um einen Vergleich zu ermöglichen und so wirklich nur die Veränderungen in Zusammenhang mit körperlicher Aktivität zu erfassen, wiesen sie die Freiwilligen an, mit nur einem Bein ins Pedal zu treten, sodass das andere Bein zur Kontrolle dienen konnte. Nach drei Monaten Training von 45 Minuten viermal pro Woche zeigten die Ergebnisse Unterschiede bei mehr als 4000 Genen, die an Muskelaufbau, Energiezufuhr, Entzündungsmechanismen und Immunprozessen beteiligt sind. Die Forscher wiesen auch nach, dass die Veränderungen der Genexpression quasi sofort eintreten, aber auch reversibel sind: Einige Stunden nach der Anstrengung kehrten die Gene in ihren Anfangszustand zurück. Auch eine kurzzeitige Aktivierung von Genen kann jedoch länger anhaltende Effekte haben, wenn molekulare Kaskaden in Gang gesetzt wurden. Die Genaktivität kann zum Beispiel zur Produktion von Proteinen führen, die noch Stunden oder sogar Tage später Wirkung entfalten. Um einen stetigen Effekt zu erreichen, hilft aber nur regelmäßiges Training ohne längere Unterbrechungen.

Sport hat nicht nur auf die Muskelzellen eine Wirkung, sondern auch auf die Fettzellen. Das zeigte eine weitere Studie, die von schwedischen Forschern durchgeführt wurde.[37] 23 unsportliche, leicht übergewichtige, aber gesunde Männer von ungefähr 35 Jahren wurden gebeten, sechs Monate lang drei Trainingseinheiten Aerobic pro Woche einzulegen. Die Forscher untersuchten bei den Freiwilligen die Expression bestimmter Gene in den Fettzellen, die bei Fettleibigkeit und Diabetes Typ 2 eine Rolle spielen. Das Ergebnis war eindeutig: Sie fanden Modifikationen der DNA-Methylierung im Fettgewebe.

Wie treibt man in der Praxis so Sport, dass man von den positiven Effekten auf das Epigenom profitiert?

Die erste Regel lautet Regelmäßigkeit. Die Studie von Sundberg *(siehe Seite 164)* hat klar gezeigt: Für eine langfristige Wirkung muss die körperliche Betätigung regelmäßig erfolgen. Statt einmal alle zwei Wochen für drei Stunden Muskeltraining im Sportstudio zu treiben, ist es besser, zwei- oder dreimal pro Woche 45 Minuten am Tag zu joggen oder Rad zu fahren, zusätzlich zu einer täglichen Aktivität, wie zum Beispiel zu Fuß zu gehen.

Die zweite Regel, die man sich merken sollte: Tun Sie etwas, das Ihnen Spaß macht. Denn nur so werden Sie die nötige Ausdauer an den Tag legen. Es ist zum Beispiel zwecklos, sich ins Fitnessstudio zu quälen, wenn Sie das nicht mögen, denn Sie werden bald aufgeben. Stattdessen könnten Sie schwimmen gehen oder in einen Crosstrainer für zu Hause investieren. Um sich zu motivieren, können Sie auch eine Mannschaftssportart wählen oder vielleicht mit einem Coach trainieren. Solange Sie nur Beharrlichkeit zeigen, werden

Sie rasch merken, wie sich der Sport auf Ihren Körper und Ihr allgemeines Wohlbefinden auswirkt: bessere Laune, innere Ruhe, weniger Schlaflosigkeit und ein regulierter Appetit.

Wie Freundschaften und familiäre Beziehungen unser Genom beeinflussen

Auch über unsere Beziehungen zu anderen Menschen können wir Einfluss auf die Regulierung unserer Gene nehmen. Indem wir uns um ein harmonisches Familienleben bemühen, neue Freundschaften schließen und alte pflegen sowie zu Nachbarn und Kollegen ein freundliches Verhältnis aufbauen, setzen wir biochemische Prozesse in Gang, die zu unserem Wohlbefinden und zu unserer Gesundheit beitragen. So werden durch positive soziale Interaktionen Gene aktiviert, die die Freisetzung von Hormonen wie Oxytocin und Vaso-pressin fördern – »prosoziale« Moleküle, die Stress- und Angstzustände reduzieren und uns in unserem Sozialverhalten weicher machen.[38]

Wenn das soziale Umfeld hingegen gestört wird, können die Folgen für das psychische Gleichgewicht gravierend sein. Das gilt ganz besonders für die ersten Lebensjahre. Schlechte sozioökonomische Bedingungen in der Kindheit bedingen Veränderungen der Genexpression, die zu einer frühen Zellalterung im Erwachsenenalter führen. Dabei sind die »epigenetischen Uhren« von Hunderten Genen betroffen. Die epigenetische Uhr eines Gens, nach dem amerikanischen Genetiker Steve Horvath auch als Horvat'sche Uhr bezeichnet, lässt sich durch eine Auswertung der DNA-Methylierungsmuster ablesen und gibt über die individuelle Alterung Aufschluss. Laufen die epigenetischen Uhren beschleunigt ab, hat dies Auswirkungen auf das Auftreten alterungsbedingter Erkrankungen und die Lebenserwartung.

Solche Folgewirkungen unterstreichen, wie wichtig es ist, dass Kinder unter Bedingungen aufwachsen, die es ihnen ermöglichen, sich sozial zu entfalten. Zugleich können wir unser Leben lang selbst etwas für unsere geistige und körperliche Gesundheit tun, indem wir nicht allein darauf achten, körperlich aktiv zu bleiben, sondern auch unsere sozialen Bindungen pflegen. Dies verhindert nicht nur eine frühe Zellalterung durch ein beschleunigtes Ablaufen der epigenetischen Uhren, sondern ist auch ein wirksames Mittel gegen Trübsinn.

Meditation und Musik modulieren die Gene des Gehirns

Neben körperlicher Betätigung, die auf Bewegung setzt, können auch ruhigere Aktivitäten einen Effekt auf das Epigenom haben. Das gilt für die Meditation bei vollem Bewusstsein, deren positive Effekte in geistiger wie in körperlicher Hinsicht heute immer stärker anerkannt werden. Die chinesische Medizin stellt zum Beispiel eine Verbindung zwischen dem Gehirn und dem übrigen Körper her. Mittlerweile liegen einige Forschungsarbeiten vor, die ihr recht geben und dank der Epigenetik ein besseres Verständnis der beteiligten Mechanismen ermöglichen.

Für eine Studie[39] baten amerikanische Forscher 19 Personen, Meditationsübungen zu machen und sich für acht Stunden am Stück in einen Zustand der *mindfulness* (Achtsamkeit) zu versetzen. Anschließend wurde untersucht, ob zwischen ihnen und einer zweiten Gruppe, die man einfach gebeten hatte, irgendetwas Ruhiges zu tun, hinsichtlich der Genexpression Unterschiede bestanden. Bei der Meditationsgruppe konnten Modifikationen bei der Expression vieler Gene nachgewiesen werden, insbesondere solcher, die in Verbindung mit entzündungsfördernden Wirkungen stehen. Auch hier ist die Aktivierung der Gene vorübergehend, doch können wie im Falle von körperlichem Training die positiven Effekte länger anhalten, indem persistente molekulare Netzwerke etabliert werden *(vgl. Seite 165)*. Meditation ist also ein Schlüssel, um die Steuerung unseres Epigenoms positiv zu beeinflussen.

Eine andere ruhige Betätigung ermöglicht es ebenso, die Expression der Gene zu verändern: das Hören von klassischer Musik. Vielleicht haben Sie schon festgestellt, dass Bach oder Mozart zu hören in Ihnen ein Gefühl des Wohlbefindens auslöst. Es gibt bereits eine Vielzahl an Studien, die die positiven Effekte von Musik auf das Gehirn aufzeigen: Sie bewirkt Veränderungen des Blutflusses im Gehirn, reguliert die Gefühle und stimuliert bestimmte Hirnregionen. Finnische Forscher haben eine epigenetische Erklärung für diesen Mechanismus vorgelegt: Sie haben gezeigt, dass das Hören von klassischer Musik mit der Veränderung der Aktivität bestimmter Gene einhergeht, vor allem solcher, die an der Synthese von Dopamin, dem Neurotransmitter für Belohnung und Freudegefühle, beteiligt sind. Zwar wurden die Effekte anhand von klassischer Musik demonstriert. Es ist aber sehr wahrscheinlich, dass jede Art von Musik, die Wohlbefinden auslöst, ähnliche Wirkungen ausübt. Darüber hinaus wurden Modifikationen auf einem Gen festgestellt, das bei der Parkinson-Krankheit eine Rolle spielt.

Interessant ist übrigens, dass diese Veränderungen nur bei Personen mit geübtem Ohr eintraten. Das deutet darauf hin, dass eine durch musikalische Schulung und Praxis erhöhte Sensibilität beim Musikhören die Voraussetzung dafür ist, dass diese Prozesse ausgelöst werden. Die Forscher führten das Experiment mit dem *Violinkonzert Nr. 3 G-Dur KV 216* von Mozart durch: Zwanzig Minuten genügten, um Effekte auf die Gene feststellen zu können. Dies ist also ein weiteres Mittel, um auf Ihr Epigenom einzuwirken. Gerade auch für Kinder gilt, dass es positive Effekte haben kann, sie frühzeitig an klassische Musik heranzuführen.

Befreiung von Traumata

Die Biopsychologie, die erforscht, wie der Geist auf den Körper wirkt, ist ein Fachbereich, der seit der vollständigen Sequenzierung des menschlichen Genoms im Jahr 2003 einen Boom erlebt. Es gibt – aufgrund der technischen, logistischen und finanziellen Herausforderungen solcher Analysen – bislang nur wenige Daten zur Messung des Effekts psychotherapeutischer Interventionen auf die Genexpression. Wenn die mit Mäusen durchgeführten Studien zeigen, dass bestimmte Formen von Traumata über mehrere Generationen hinweg auf die Nachkommen übertragen werden können, ist die Frage erlaubt, ob dies auch für den Menschen zutrifft. Und falls ja, schließt sich die Frage an, ob uns Mittel zur Verfügung stehen, um diese seelischen Narben unseres Epigenoms verschwinden zu lassen.

Der Nutzen von Psychotherapien

Die Psychotherapie ist ein weitläufiges Fachgebiet mit vielen Strömungen und Schulen, das die Behandlung mentaler und emotionaler Probleme zum Gegenstand hat. In dem Maß, in dem sich die Psychotherapie mit der Erarbeitung neuer Techniken und therapeutischer Anwendungsarten ausweitet, stellen sich Fragen hinsichtlich der biologischen Mechanismen, die der Heilung und der Veränderung der Personen nach der Behandlung zugrunde liegen.

Der Theorie nach kann beim Menschen jede neue Erfahrung, psychotherapeutische Interventionen inbegriffen, einen Einfluss auf die Genexpression haben, der Veränderungen im Gehirn nach sich zieht. Wie soll man auch keine Verbindung herstellen zwischen der Bindungstheorie und den Folgen, die gute mütterliche Betreuung (oder ihr Fehlen) bei Mäusen in epigenetischer Hinsicht hat?

Die anhaltende Fähigkeit des Gehirns, sich zu verändern und die Verbindungen zwischen den Nervenzellen neuen Erfahrungen entsprechend zu reorganisieren, bezeichnet man als »neuronale Plastizität«. Diese Neumodellierung macht sich molekulare Prozesse zunutze, die die Effizienz der Kommunikation zwischen den Neuronen beeinflussen. Im jungen Gehirn sind diese Prozesse höchst aktiv, mit dem Alter nehmen sie ab. Widrige Lebenserfahrungen wie eine Traumatisierung, der Verlust einer nahestehenden Person oder eine tiefe psychische Verletzung können die Fähigkeit des Gehirns verändern, sich neu zu modellieren. Aber positive Erfahrungen wie bereichernde soziale Beziehungen, neue Eindrücke, Lernen und psychotherapeutische Interventionen können sie fördern. Therapien, die diesen Effekt nutzen, kann man also als Interventionen betrachten, die das Epigenom mobilisieren können.

Die EFT-Methode zur Behandlung einer posttraumatischen Belastungsstörung

Die EFT (*Emotional Freedom Techniques*) sind eine Methode, die zur Familie der »energetischen Psychologie« gehört. 1993 in den USA entwickelt, kombiniert diese psychosomatische Praxis Elemente etablierter Methoden wie der Expositionstherapie und der kognitiven Verhaltenstherapie mit einer Stimulation bestimmter Körperpunkte durch Akupressur, einem Druck auf die Akupunkturpunkte.

Verschiedene Studien haben die Wirksamkeit der EFT bei unterschiedlichen psychischen und physischen Konditionen belegt, insbesondere bei der posttraumatischen Belastungsstörung (PTBS). Diese Störung betrifft eine große Anzahl von Personen, die selbst oder deren Angehörige mit dem Tod bedroht wurden oder die direkt oder indirekt mit dem Tod konfrontiert waren, insbesondere zum Beispiel Attentatsopfer, Veteranen, Migranten.

Neueste Forschungen zur Pathologie betonen die Relevanz der epigenetischen Prozesse für das Auftreten und Fortbestehen der Symptome, die zu einer genetischen Disposition hinzutreten, an der identifizierte Polymorphismen bei mindestens 52 Genen beteiligt sind. Den DNA-Methylierungsgrad spezifischer »Genloci« hat man mit den Symptomen der posttraumatischen Belastungsstörung in Verbindung gebracht. Zu diesen Stellen des Genoms gehören Gene, die für einen Glucocorticoidrezeptor und andere Bestandteile der

Stressachse oder für den Transporter des Neurotransmitters Serotonin codieren.

Heute geht man in der Forschung weithin davon aus, dass zwischen der genetischen Disposition, der »traumatischen Belastung« (das heißt der Zahl der traumatischen Ereignisse, denen eine Person ausgesetzt war) und epigenetischen Variationen eine Interaktion existiert, die die Wahrscheinlichkeit des Auftretens einer posttraumatischen Belastungsstörung bestimmt.

Eine Metaanalyse zu sieben randomisierten kontrollierten Studien[40] zu EFT als Behandlungsmethode bei posttraumatischer Belastungsstörung[41] hat starke therapeutische Effekte festgestellt. Die Methode wurde sowohl bei aktiven Soldaten als auch bei Veteranen untersucht. Eine Evaluation bei 764 Teilnehmern eines Programms zur Stressbehandlung nach Kampfeinsätzen in Fort Hood, der wichtigsten Militärbasis der Vereinigten Staaten, die, im Herzen Texas gelegen, fast 40 000 Soldaten umfasst, hat erwiesen, dass EFT bei posttraumatischer Belastungsstörung, Angstzuständen und Depression zu einer signifikanten Reduzierung der Symptome führt.

Eine weitere Studie, die von Dawson Church und seinem Team mit 16 Veteranen durchgeführt wurde,[42] die an posttraumatischer Belastungsstörung litten und sich EFT-Therapiesitzungen unterzogen, belegte eine Verbesserung der Symptome, die sich bis unter die klinische Grenze verflüchtigten. Und diese guten Ergebnisse erhielten sich im Laufe der Zeit und konnten bei Nachuntersuchungen nach drei und nach sechs

Monaten bestätigt werden. Nach einer EFT-Behand-
lung wurden Veränderungen hinsichtlich der Expression bestimmter Gene gemessen, was ein epigenetisches Potenzial der Methode nahelegt.

Ein transgenerationeller Ansatz ist nötig

So wie unsere eigenen Lebenserfahrungen im Allgemeinen eine direkte Auswirkung auf unser psychi-
sches Gleichgewicht haben, kann unsere Stresssensibilität dadurch beeinflusst sein, was unsere Vorfahren
erlebt haben. Daher erscheint es wichtig, nicht nur
die eigenen psychischen Beschwerden in den Griff zu
bekommen, sondern uns auch für die Störungen zu
interessieren, die wir eventuell von unseren Ahnen
geerbt haben. »Das Aufkommen der Epigenetik erhellt
auf unerwartete Weise die noch ganz junge Psychogenealogie, die uns sagt, dass wir, ohne es zu wissen, die
Problematiken unserer Vorfahren mit uns tragen und
sogar oft dieselben Schemata reproduzieren«, stellt
Luc Bodin fest.[43]
   Nach der Theorie der Psychogenealogie, die sich
mit jener der Epigenetik deckt, sind wir zugleich die
Summe unserer Vorfahren und die Summe unserer
eigenen persönlichen Erfahrungen. Wir sind die Träger
einer Geschlechterfolge, ihrer Geschichte, ihrer Gene
und ihrer Traumata; und gleichzeitig entscheiden wir
selbst über unser Leben, unser Schicksal. Seine Vergangenheit zu kennen, um sich selbst besser kennenzuler-

nen und sich so alle Chancen zu eröffnen, um mit sich selbst in Frieden zu sein, ist eine unabdingbare Voraussetzung.

So früh wie möglich handeln

Bereits vor unserer Geburt werden wichtige Weichen dafür gestellt, über was für ein Gesundheitskapital wir verfügen. Wir sind auch für das verantwortlich, was wir an unsere Kinder weitergeben, denen wir das Leben schenken. Tatsächlich finden wichtige Prozesse der Methylierung und der Intervention der nicht codierenden RNA während der Bildung der (männlichen und weiblichen) Keimzellen und der embryonalen Entwicklung statt, auch wenn sich das Epigenom während des gesamten Lebens weiter verändert. Dafür steht der Begriff der »genomischen Prägung« im weiteren Sinne. Die Ernährungsweise und die Lebensführung der Eltern während einiger Wochen, die der Empfängnis vorausgehen, haben einen entscheidenden Einfluss auf das Epigenom ihrer Keimzellen und damit auf das Epigenom ihres zukünftigen Babys, auf kurze wie auf lange Sicht.

Unter anderem deshalb ist eine frühzeitige Beratung für Eltern mit Kinderwunsch so wichtig. Sie erlaubt, auf einen möglichen Mangel an Nährstoffen und auf die Bedeutung einer Versorgung mit bestimmten Vitaminen hinzuweisen, allem voran mit Vitamin B9, der Folsäure. Ein Mangel an diesem essenziellen

Vitamin kann Fehlbildungen des Herzens, Neuralrohr-defekte oder Plazentaanomalien verursachen. Eine ausreichende Versorgung ist umso wichtiger, da sich die Auswirkungen eines Folsäuremangels von einer Generation auf die nächste übertragen können. Eine mit Mäusen durchgeführte Studie[44] hat gezeigt, dass eine Folsäure-Stoffwechseldysfunktion, die der Mutation eines für die Bildung von Methylgruppen aus Methionin unabdingbaren Gens geschuldet ist, noch bei den Nachkommen bis zur fünften Generation (das heißt bis zu den Ururenkeln) negative Effekte hatte, obwohl die Störung selbst nur bei der ersten Generation vorlag und danach wieder verschwunden war.

Die Forschungen legen nahe, dass das, was während der Phase der genomischen Prägung passiert, einen weitreichenden Einfluss auf den Körper, aber auch auf das Gehirn des werdenden Kindes hat. In gewisser Weise hat also der Kontext, in dem das Kind empfangen wurde, seine ganz eigene Bedeutung. Ein gesundes, ruhiges und freundliches Umfeld oder aber ein angespanntes und gewalttätiges macht einen Unterschied aus. Die Effekte einer solchen »Programmierung« zu verstehen ist wesentlich, um seinen Kindern einen guten Start zu ermöglichen.

Der Anfang eines großen Abenteuers

Viele Forschungslabore auf der ganzen Welt arbeiten an der Entschlüsselung der epigenetischen Mechanismen. Die Ergebnisse dieser Untersuchungen erlauben es, den Einfluss besser zu begreifen, den die Umwelt über die Generationen hinweg auf die Zellen und den Organismus ausübt, was für das Verständnis von Krankheiten extrem wichtig ist. Wir stehen noch ganz am Anfang dieses Abenteuers. Bestimmte Elemente wie die micro-RNA können heute im Serum auf relativ einfache Weise gemessen werden – im Blut, aber auch im Speichel. Wenn diese Messungen, die anfänglich bei Tieren durchgeführt wurden, eingesetzt werden, um epigenetische Marker beim Menschen zu identifizieren, würde dies ermöglichen, das molekulare Korrelat von Krankheiten in Verbindung mit den Umweltfaktoren zu evaluieren. Dies hätte einen diagnostischen und in der Zukunft auch einen therapeutischen Nutzen. Vor allem aber ist es wesentlich zu verstehen, auf welche Weise die epigenetischen Faktoren modifiziert werden, wie sie selbst die Gene und ihre Aktivität modifizieren und welche Konsequenzen das für den Organismus hat.

Neue Therapiechancen durch Epigenetik?

Vor einigen Jahren noch hielt man die meisten Krankheiten für hauptsächlich genetisch begründet und für das Ergebnis von Mutationen oder Anomalien der Gene, verursacht durch karzinogene Produkte wie Tabak, Asbest, Benzol, Trichlorethen, Strahlung und bestimmte Viren. Heute weiß man, dass zahlreiche Umweltfaktoren, die für schwere Erkrankungen wie Krebs verantwortlich sind, keine Mutationen verursachen und die DNA-Sequenz nicht beschädigen. Diese Faktoren wirken, indem sie das Epigenom deregulieren und die epigenetischen Marker verändern, die die Genaktivität steuern. Sie stehen in Zusammenhang mit den Lebensbedingungen und den persönlichen Erfahrungen.

Diese Entdeckung verändert radikal die Sicht auf Krankheiten und eröffnet neue diagnostische und therapeutische Perspektiven. Zum einen ist das Epigenom dynamisch, und epigenetische Veränderungen sind damit potenziell reversibel. Es wäre also möglich, Krankheiten an ihrem epigenetischen Ursprung zu behandeln, indem man die Abweichungen korrigiert, um eine normale Genaktivität wiederherzustellen. Dies dürfte über die Veränderung der individuellen Lebensbedingungen möglich sein.

Zum anderen existieren chemische Verbindungen, die größtenteils auf natürliche Produkte zurückgehen, die die Fähigkeit besitzen, auf das Genom einzuwirken, zum Beispiel hinsichtlich der DNA-Methylierung und der Histone. Auch wenn sie in vielen Lebensmitteln enthalten sind, könnten diese chemischen Verbindungen als »Epimedikamente« mit einer definierten Dosierung zum Einsatz kommen.

So vielversprechend dieser Weg ist, so wichtig ist es, realistisch zu bleiben und sich darüber im Klaren zu sein, dass es keine Zauberpille geben wird, die alle Krankheiten heilen kann. Die epigenetischen Veränderungen sind höchst komplex und teilweise je nach Gewebeart oder Zelltypus andersartig und ihre Auswirkungen auf die Genaktivität noch nicht weit genug erforscht. Eingehende Studien sind also nötig, um zu dem Wissen zu gelangen, das für zukünftige epigenetische Therapien erforderlich ist.

Die Evolution in neuer Sicht

Das Konzept vom Epigenom, das ganz wie das Genom Träger wichtiger Informationen für das Funktionieren des Organismus ist, eröffnet einen neuen Blick auf die Evolution. Die epigenetischen Mechanismen, die dem Individuum erlauben, sich anzupassen oder seine

Reaktionen an der Umwelt auszurichten, sind von Vorteil, wenn ihm später im Leben ähnliche Bedingungen begegnen. Auch seine Nachkommen können davon eventuell profitieren. Wenn sich die Bedingungen jedoch ändern, laufen die ursprünglich angepassten Reaktionen Gefahr, sich als nicht länger nützlich oder sogar als inadäquat und schädlich zu erweisen. Ein Organismus zum Beispiel, dessen Stoffwechsel an Hungern angepasst ist, wird, wenn sich das Nahrungsangebot normalisiert, so reagieren, als gäbe es ein Überangebot, was zu Fettleibigkeit und Diabetes führen kann.

Mit der Integration der Epigenetik in die Evolutionstheorie erschließt sich eine neue Gedankenwelt, und wir gelangen zu einer anderen Herangehensweise, um den Evolutionsprozess zu verstehen.

Nach der klassischen Evolutionstheorie werden die für das Überleben und die Fortpflanzung nützlichen Eigenschaften im Laufe der Generationen selektioniert. So entstehen Spezies und Populationen, die besser an die Umwelt angepasst sind als andere. Sie haben einen Überlebensvorteil und setzen sich im Evolutionsprozess eher durch. Das ist die natürliche Auslese und die Konkurrenz des Überlebens, wie sie Charles Darwin 1859 in seinem Werk *On the Origin of Species* beschrieben hat. Die Evolution vollzieht sich in dieser Sicht über lange Zeiträume hinweg, und es bedarf Hunderter oder sogar Tausender Generationen, damit sie zum Tragen kommt.

Doch in Wirklichkeit betrifft der als Evolution

bezeichnete Prozess, durch den sich die Eigenschaften einer Population unter dem Einfluss ihrer Umwelt verändern, nicht allein die Überlebens- und Reproduktionschancen. In Reaktion auf die Lebensbedingungen können zahlreiche Eigenschaften auftreten, die weder zwangsläufig die Gesundheit oder die körperlichen Fähigkeiten steigern noch sonst einen Nutzen bringen, sondern im Gegenteil sogar ungünstig sein können. Das gilt zum Beispiel für Merkmale, die in Verbindung mit sogenannten Umweltkrankheiten stehen und zu Veränderungen einer Körperfunktion, des Verhaltens oder eines anatomischen Aspekts führen können. Diese »pathologischen« Eigenschaften können weitergegeben und, statt im Laufe der Zeit eliminiert zu werden, auf die Nachkommen übertragen werden. So kann sich in manchen Fällen eine Eigenschaft, die sich in einer schnellen Reaktion auf besondere Bedingungen innerhalb einer Vorfahrengeneration entwickelt hat, für die Nachkommen, die diese erben, als nachteilig oder neutral in ihren Auswirkungen erweisen. Jean-Baptiste de Lamarck, Charles Darwin und viele andere Naturforscher haben dies beobachtet und beschrieben – und vor ihnen Aristoteles und sogar Autoren der Bibel (»Die Väter haben Herlinge[45] gegessen, und der Kinder Zähne sind stumpf geworden« – Jeremia 31:29).

Es ist die Epigenetik, die den Unterschied zwischen diesen Evolutionsprozessen erklären kann. Während die Evolution auf dem Weg der natürlichen Auslese seltene Genmutationen voraussetzt, die sich zufäl-

lig bei einigen Individuen ereignen und durch Übertragung auf die Nachkommen auf langsame Weise im
Laufe zahlreicher Generationen selektioniert werden,
beruht der Prozess der schnellen Evolution nicht auf
Veränderungen der DNA, sondern der verschieden-
artigen und zahllosen epigenetischen Faktoren. Diese
treten weitaus häufiger auf als Genmutationen (zehn-,
hundert-, sogar tausendmal häufiger), weil sie keinen
Reparaturmechanismen unterliegen, wie sie beim Erb-
gut bestehen, um Änderungen rückgängig zu machen.
Da sie häufiger vorkommen und leichter auszulösen
sind, können sich epigenetische Veränderungen gleichzeitig bei mehreren Individuen, die derselben Umwelt
ausgesetzt sind, ereignen, statt nur bei einem einzigen.
Betreffen diese Veränderungen die Keimzellen, können
sie bereits ab der ersten Generation fortbestehen und
bedingen so das Auftreten der entsprechenden Eigenschaft sowie eine schnelle evolutionäre Veränderung.
Die dynamische Natur der epigenetischen Faktoren
und die Tatsache, dass sie reversibel sind, ermöglichen
es schließlich, dass sie im Laufe der Zeit erneut modifiziert werden können, wenn die Nachkommen zum Beispiel wiederum anderen Bedingungen ausgesetzt sind.
Die epigenetischen Faktoren stellen also ein wirksames
Mittel zur geschmeidigen und raschen Anpassung der
Organismen dar.

Der Einfluss des Epigenoms auf den Evolutionsprozess ist ein faszinierendes Gebiet, das neue Perspektiven für ein besseres Verständnis des Lebens bietet.
Seine Erforschung mit den modernen Instrumenten

der Genomanalyse verspricht schöne zukünftige Entdeckungen und dürfte konkrete Wege für die Medizin
und das Verstehen von Umweltkrankheiten weisen.

ANHANG Die große Geschichte vom unendlich Kleinen: Von der Genetik zur Epigenetik

Die Epigenetik hat manche feste Überzeugung der klassischen Genetik umgestoßen, zugleich baut sie aber auch auf ihr auf. Es ist daher wichtig zu verstehen, was für eine unglaubliche Revolution die Genetik zur Zeit ihres Aufkommens darstellte und welche außergewöhnliche Expansion unseres Wissens über alles Lebendige sie ermöglichte.

Die Genetik entwickelte sich auf der Grundlage einer Serie herausragender naturwissenschaftlicher Leistungen: der Wiederentdeckung der Mendel'schen Regeln zu Beginn des 20. Jahrhunderts, der Entdeckung der Chromosomen als Träger der Erbinformation, dann jener der DNA und schließlich der Sequenzierung des gesamten Genoms des Menschen, die eines der wichtigsten biologischen Forschungsprojekte der vergangenen hundert Jahre darstellt. Doch trotz dieser so zahlreichen Fortschritte blieben ungelöste Fragen, die den Weg in ein anderes Universum eröffneten, jenem der Epigenetik.

Die Mendel'schen Regeln

Die Geburtsstunde der modernen Genetik schlug ganz zu Beginn des 20. Jahrhunderts. Sie ist die Frucht einer Kreuzung zwischen der Wiederentdeckung der berühmten Mendel'schen Regeln, die heute als die Grundlagen der Vererbung betrachtet werden, und der Entdeckung der Chromosomen, welche die Untermauerung dazu lieferte.

Gregor Johann Mendel (1822–1884) wurde in Österreich in eine Bauernfamilie geboren. Er war ein leidenschaftlicher Botaniker, doch blieb es ihm – zu seinem großen Bedauern – aus finanziellen Gründen versagt, ein entsprechendes Studium aufzunehmen. Also entschied er sich, in die St.-Thomas-Abtei im mährischen Brünn (Brno) im heutigen Tschechien einzutreten, in der Hoffnung, auf Kosten des Ordens an die Universität Wien geschickt zu werden. Er profitierte von der Bibliothek der Abtei, ihrer botanischen Sammlung und der religiösen Ausbildung. Gleichzeitig befasste er sich intensiv mit Naturwissenschaften und unterrichtete an einem Gymnasium in der Umgebung. Da es ihm nicht gelang, von der Universität aufgenommen zu werden, entschied er sich 1851, als Gasthörer an den Kursen Christian Dopplers am Physikalischen

Institut in Wien teilzunehmen. Dort studierte er neben Physik auch Mathematik, Botanik, Pflanzenphysiologie, Insektenkunde sowie Paläontologie und entwickelte sich Stück für Stück zu einem hoch qualifizierten Naturwissenschaftler.

Im Jahr 1854 legte Mendel im Klosterhof einen Versuchsgarten an, denn er begeisterte sich für das Studium von Abstammung und Vererbung, deren Gesetze er zu begreifen versuchte. Hypothesen zur Erklärung der Vererbung gab es damals viele, einige waren durchaus plausibel, andere eher schwammig oder esoterisch. Zu den am weitesten verbreiteten Theorien gehörte die Lehre von der »Blutmischung«. Francis Galton, der Cousin Charles Darwins, ging sogar so weit, diese Mischung zu quantifizieren. Ihm zufolge stammten die ererbten Eigenschaften eines Menschen zur Hälfte von seinen beiden Eltern, zu einem Viertel von seinen vier Großeltern, zu einem Achtel von seinen acht Urgroßeltern und immer so weiter. Eine große Zahl von Wissenschaftlern zweifelte diese Hypothese an. Auch Mendel fand sie nicht überzeugend, denn Galtons Annahme lief darauf hinaus, dass sich durch die aufeinanderfolgenden Vermischungen alle Individuen im Laufe der Generationen immer ähnlicher würden.

Im Gegensatz zu Galton interessierte sich Mendel konkreter für die erblichen »Merkmale«, jene der Spezies und jene der Individuen, die von einer Generation auf die nächste übertragen werden. Um herauszufinden, wie diese Übertragung möglich ist, führte er eine Versuchsreihe mit Erbsen durch, blühenden Pflanzen, die sich durch Selbstbefruchtung fortpflanzen. Die Blüten der Erbsenpflanzen sind männlich und weiblich zugleich. Bei der Befruchtung dringen die Pollenkörner, die vom Staubblatt, dem männlichen Organ der Blüte, stammen, in den Stempel derselben Blüte ein, ihr weibliches Organ. Aus den auf diese Weise befruchteten Eizellen werden Samen (oder Erbsen). Interessant an dieser Fortpflanzungsart ist, dass sie es leicht macht, Kreuzungsexperimente durchzuführen. Sie ermöglicht es, reinerbige Sorten zu erhalten, welche dieselben Merkmale über die Generationen hinweg beibehalten. Ein perfektes Versuchsfeld für genetische Experimente.

Mendel begann, reinerbige Sorten miteinander zu kreuzen, die sich in einem einzigen Merkmal unterschieden. Dabei konnte es sich um die Größe des Stängels, die Farbe des Samenkorns, das gelb oder grün sein kann, die Farbe der Hülse, die ebenfalls gelb oder grün vorkommt, oder die Position der Blüte am Stängel handeln. Auf diese Weise gelang es ihm, die Weitergabe unterschiedlicher Eigenschaften einer Pflanze bei ihrer Nachkommenschaft zu verfolgen.

Über Jahre hinweg nahm er Hunderte Kreuzungen vor und stellte Tausende Ergebnisse zusammen. Daraus leitete er drei große Schlussfolgerungen ab, die man später die » Mendel'schen Regeln « nannte. Damit erklärte er als Erster, in welchem Verhältnis der Genotyp (also die Gesamtheit der Gene, die ein Individuum vererbt) und der Phänotyp (die Merkmale, die es aufweist) zueinander stehen. Anders als man bis dahin dachte, vollzieht sich die Weitergabe der Merkmale nicht zufällig, sondern folgt sehr präzisen Regeln. So entdeckte Mendel, dass die Merkmale der Pflanzen durch Faktoren bestimmt werden, die man später als »Gene« bezeichnete.

Eine Pflanze besitzt zwei Kopien dieses Faktors, wobei sie von jedem Elternteil eine geerbt hat. Sie können miteinander identisch sein oder auch nicht. Eine der beiden Kopien wird als »dominant« in Bezug auf die andere bezeichnet, weil sie sich selbst dann durchsetzt, wenn sie nur von einem Elternteil weitergegeben wird. Die andere Kopie des Faktors wird als »rezessiv« bezeichnet: Sie muss von beiden Elternteilen weitergegeben werden, damit sie zum Ausdruck kommt.

Die drei Mendel'schen Regeln

1. Kreuzt man zwei Elternteile, die sich in einem einzigen Merkmal unterscheiden, für das sie reinerbig sind, sind alle Nachkommen der ersten Generation identisch. Dies nennt man die *Uniformitätsregel*.

2. Während des gesamten Lebens einer Pflanze bleiben die beiden Faktoren, die ein Merkmal bestimmen, miteinander vereint. Sie trennen sich nur bei der Bildung der Keimzellen voneinander, der Gameten. Das erklärt, warum die Keimzelle einer Pflanze nur eine Kopie des Faktors besitzt, der jeweils einem Merkmal entspricht. Bei der Zeugung erhält

die neue Pflanze eine Kopie von der weiblichen Keimzelle sowie eine von der männlichen. Bezeichnet wird dies als *Spaltungsregel, Segregationsregel* oder als *Regel von der Reinheit der Gameten.*

3. Die Keimzelle einer Pflanze kann mit einem väterlichen Faktor ausgestattet sein, der die Farbe des Samenkorns bestimmt, und zugleich mit einem mütterlichen, der dessen Form bestimmt. Die Merkmale werden also unabhängig voneinander vererbt und dadurch neu miteinander kombiniert, man spricht von der *Unabhängigkeitsregel* oder *Rekombinationsregel.*

Eine der größten Errungenschaften Mendels ist es, gezeigt zu haben, dass nicht die Merkmale selbst weitergegeben werden, sondern »Faktoren«, welche der dänische Genetiker Wilhelm Johannsen (1857–1927) im Jahr 1909 »Gene« taufen sollte. Diese Bezeichnung steht dem von Charles Darwin vorgeschlagenen Begriff der »Pangene« gegenüber, mit dem gemeint ist, dass der gesamte Organismus, also alle seine Zellen, an der Vererbung beteiligt sei. Johannsen war es auch, der zwei Jahre später die Begriffe »Genotyp« und »Phänotyp« vorschlug. Eine weitere bahnbrechende Entdeckung Mendels bestand in der Erkenntnis, dass mehrere Varianten des Faktors für ein erbliches Merkmal existieren, die man als »Allele« bezeichnet, und dass nur eine dieser Varianten von jedem Elternteil an seine Nachkommen weitergegeben wird.

Mendel veröffentlichte seine Arbeiten im Jahr 1866 unter dem Titel *Versuche über Pflanzen-Hybriden*. Doch zu seiner Zeit begeisterte sich die gelehrte Welt nicht für sie. Vierzig Jahre lang blieben sie unbeachtet, bis sich schließlich ein anderer Botaniker, Carl Correns (1864–1933), dafür interessierte. Er ist es, der am Ursprung der Wiederentdeckung dieser Arbeiten stehen sollte, die er die »Mendel'schen Regeln« taufte.

Die Entdeckung der Chromosomen

Als Mendel entdeckte, dass die vererbten Merkmale durch »Faktoren« bestimmt wurden, wusste er über sie noch nichts: Woraus bestanden sie? Wo im Organismus befanden sie sich? Wozu dienten sie? Die Entdeckung der Chromosomen sollte dazu führen, dass man in den 1870er- und 1880er-Jahren auf diesem Gebiet einen großen Schritt nach vorn tat – die Grundlagen der modernen Genetik wurden geschaffen.

Dank der Fortschritte in der Optik zu Beginn des 19. Jahrhunderts wurde eine neue Wissenschaft geboren: die Zytologie oder Zelllehre. Die Zytologen identifizierten im Zellkern ein Fadengerüst, das sich einfärben ließ und dem sie den Namen »Chromatin« (nach griechisch *chrôma*, »Farbe«) gaben. Sie beobachteten den Mechanismus bei den zwei Arten der Zellteilung, der »Mitose« und der »Meiose« *(siehe Seite 115)*. In beiden Fällen entstehen besagte Fäden: die Chromosomen, deren Verhalten man genauer untersuchte. Entscheidend war die Idee, zwischen dem Verhalten der Chromosomen bei der »Meiose«, der Keimzellenbildung, und den Regeln der Weitergabe erblicher Merkmale, wie sie Mendel bestimmt hatte, eine Parallele zu ziehen: Entsprach das, was man unter dem Mikroskop beobachtete, nicht genau den von Mendel beschriebenen Erbgängen? Auf diese Weise begriff man, dass die Chromosomen die Träger der Erbinformation sind, und fand eine Erklärung für die Mendel'schen Regeln.

In den 1920er-Jahren stellten die Arbeiten des amerikanischen Biologen Thomas Hunt Morgan (1866–1945) die Verbindung zwischen der Genetik und der Zytologie her. Seine Forschungen nahm er an der Taufliege Drosophila vor, einem Insekt, das den Vorzug hat, sich rasch fortzupflanzen, und einfach zu züchten ist. Zu Beginn seiner Karriere war Morgan davon überzeugt, dass die Mendel'schen Regeln falsch sind. Und doch waren es gerade seine Forschungen, die ihre Gültigkeit beweisen sollten. Mit der Hilfe weiterer Forscher, Alfred H. Sturtevant (1891–1970), Hermann J. Muller (1890–1967) und Calvin B. Bridges (1889–1938) zeigte er, dass die Chromosomen die Träger der Gene sind, womit er die sogenannte »Chromosomentheorie der Vererbung« begründete.

Morgan und seinem Team gelang es schließlich, die gesamten Chromosomen einer Drosophila-Zelle darzustellen und die Position jedes einzelnen Gens zu bestimmen, den »Karyotyp«, wie man heute sagt. Sie zeigten, dass die Chromosomen in Paaren angeordnet sind und dass auf jedem von ihnen die Gene eine fixe Position einnehmen. Bei der Drosophila wurden so zwischen 2500 und 3000 Gene nachgewiesen.

Die Arbeit Morgans sollte Generationen von Genetikern inspirieren und die Drosophila als einen der wichtigsten Modellorganismen genetischer Versuche etablieren. Um seine Arbeit zu würdigen, führte man den Begriff »Centimorgan« als Maßeinheit ein, die in der genetischen Kartografie die Frequenz beziehungsweise Wahrscheinlichkeit der chromosomalen Rekombination bezeichnet. Im Jahr 1933 wurde Morgan zudem »für seine Entdeckungen hinsichtlich der Rolle, welche das Chromosom bei der Vererbung spielt«, der Nobelpreis für Physiologie oder Medizin verliehen. Er teilte das Preisgeld mit seinen Mitarbeitern, um ihnen zu helfen, das Studium ihrer Kinder zu finanzieren.

Die DNA-Revolution und die Geburt der Molekularbiologie

Einen weiteren Meilenstein in der Entwicklung der Genetik stellte die Entdeckung der Struktur und der Bildung der DNA Anfang der 1950er-Jahre dar. Dieses Makromolekül war fast ein Jahrhundert zuvor erstmals identifiziert worden *(siehe Seite 194 f.)*. Am 25. April 1953 gaben der amerikanische Genetiker und Biochemiker James Watson und der britische Biologe Francis Crick in der Zeitschrift *Nature* bekannt, die Doppelhelix-Struktur des Moleküls der Desoxyribonukleinsäure (DNA) nachgewiesen zu haben.

Diese Entdeckung war ein wesentlicher Fortschritt, auch wenn sie damals zunächst nur geringes Interesse der Fachwelt auf sich zog. Tatsächlich lieferte sie die Antwort auf die zentrale Frage nach der Speicherung und der Duplizierung der DNA. Sie ermöglichte zu verstehen, auf welche Weise dieses Molekül einzigartige Informationen enthält, aber auch, wie es diese weitergibt. 1957 formulierte Crick die fundamentale Theorie der Molekularbiologie, welche die Beziehungen zwischen DNA, RNA und den Proteinen beschreibt.

Auf den Spuren der DNA

Die DNA wurde zum ersten Mal im Jahr 1869 von dem Schweizer Biologen Friedrich Miescher (1844–1895) isoliert. Er wies die Existenz einer phosphorreichen Substanz im Zellkern nach, die er »Nuclein« nannte. Er zeigte, dass diese Substanz bei mehreren Spezies in den Samenzellen vorkommt, und schloss daraus bereits auf ihre Rolle bei der Vererbung. Neun Jahre später isolierte der deutsche Biochemiker Albrecht Kossel die Bestandteile dieser Substanz: die Nukleinsäuren.

Mehr als vierzig Jahre vergingen, bis ein anderer Naturwissenschaftler, der amerikanische Biologe Phoebus Levene, die Komponenten der Nukleotide erkannte. Der belgische Biologe Jean Brachet wies 1933 nach, dass die DNA ein Bestandteil der Chromosomen ist, und belegte in seinen späteren Arbeiten, dass sie als solcher eine zentrale Rolle bei der Vererbung spielt. 1952 erstellte die britische Biochemikerin Rosalind Franklin das erste Röntgenbeugungsdiagramm, das zeigte, dass die DNA eine geordnete Struktur in Form der Doppelhelix besitzt. Dieses Röntgenbild sollte zur Grundlage der Arbeiten von Watson und Crick werden.

Die DNA ist in der Tat das fehlende Zwischenstück zum Verständnis der Architektur des Lebens. Die erste Rolle, die ihr zuerkannt wurde, war die als Trägerin des Gencodes, der die Synthese der Proteine steuert. Die Proteine sind die wichtigsten Bestandteile aller Zellen. Sie sind in gewisser Weise die »Bausteine« des Lebens. Jedes Protein setzt sich aus einer einzigartigen Komposition aus Aminosäuren zusammen, von denen es zwanzig verschiedene gibt. Als Trägerin der genetischen Information legt die DNA alle Funktionen des Organismus fest. Man spricht deshalb vom »genetischen Code« oder »Gencode«.

Die DNA setzt sich aus vier Basen oder Nukleotiden zusammen, A für Adein, C für Cytosin, G für Guanin und T für Thymin, die jeweils als Paare angeordnet sind (A mit T, C mit G), deren Abfolge eine Sequenz beziehungsweise einen präzisen Code bildet.

Beim Menschen entspricht 1 Prozent dieser Sequenz Genen (also Sequenzen, die Proteine codieren), die verbleibenden 99 Prozent sind folglich nicht codierende Teilstücke zwischen den Genen: Diese Sequenzen enthalten keinen Code, der Proteinen entspricht. Bei den Genen spricht man von einem »Code«, weil die Anordnung der Nukleotide in der DNA-Sequenz die Anordnung der Aminosäuren, die bei der Bildung der

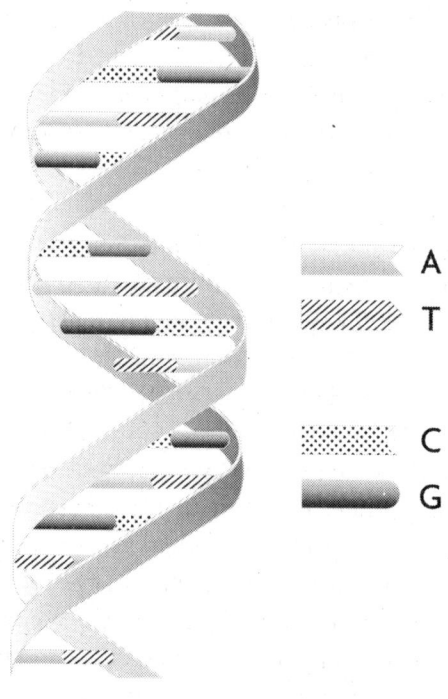

A
T

C
G

Die Doppelhelix-Struktur der DNA

Proteine aneinandergehängt werden, bestimmt. Jedes Gen stellt also ein sehr kleines Segment der DNA dar, das die nötige Formel für die Bildung eines Proteins enthält. Ein Gen lässt ein Protein durch die Abfolge von zwei Prozessen entstehen: die Transkription der DNA in Boten-RNA (nach englisch *messenger RNA* auch als mRNA bezeichnet) und die Translation der mRNA in Proteine *(siehe Seite 77)*.

Die Entdeckung der DNA bedeutete also einen wesentlichen Fortschritt: Seither wissen wir sehr konkret, wie die erblichen Merkmale weitergegeben werden. Jahrzehnte später sollte ihre Entdeckung durch die Entschlüsselung des genetischen Codes auf dem Wege der Sequenzierung komplementiert werden.

Die Genomsequenzierung: Auf dem Weg in eine Welt der Totalverwertung des menschlichen Organismus?

In der zweiten Hälfte der 1970er-Jahre wandten die Wissenschaftler Methoden zur Entschlüsselung des menschlichen Genoms an. Sie machten sich also ans Werk, die von der DNA auf 23 Chromosomenpaaren gespeicherte genetische Information zu decodieren. Mit anderen Worten ging es darum, die Sequenz der DNA zu bestimmen, also die Reihung der vier Nukleotide A, C, G und T für ein bestimmtes Teilstück der DNA. Und sogar für das ganze Genom.

Zwei bedeutende Methoden der Sequenzierung wurden erfunden: die eine von Frederick Sanger, die andere von Walter Gilbert. Sangers Methode wird bis heute angewandt.

In den 1990er-Jahren setzte es sich das *Human Genome Project* zum Ziel, die komplette Sequenzierung des menschlichen Genoms vorzunehmen. Wie den Wissenschaftlern bereits damals bewusst war, stellt die Sequenzierung nur einen Ausgangspunkt dar, denn wir müssen noch lernen, alle diese Informationen zu entschlüsseln und zu deuten. Doch die Hoffnungen sind immens. Stellen Sie sich vor: Wenn es gelänge auszumachen, welches Gen oder welche Gene für Fettleibigkeit, Krebs oder etwa Asthma verantwortlich sind, wäre es vielleicht möglich, diese Krankheiten auszurotten, indem man die verantwortlichen Gene beeinflusst und zu reparieren versucht. Das wäre eine einzigartige Therapieform. Sie bleibt jedoch auch heute noch Science-Fiction: nicht allein, weil wir nicht wissen, welche Gene bei den komplexen Erkrankungen beteiligt sind – man weiß allerdings, dass es viele sind –, sondern auch aus technischen wie aus ethischen Gründen *(siehe Seite 98 f.).*

Im April 2003 wurde bekannt gegeben, dass das Ziel der Sequenzierung des menschlichen Genoms erreicht wurde. Die damals geschaffene, fast vollständige Karte des menschlichen Genoms stellte die erste Skizze des großen Buchs des menschlichen Lebens dar. Doch die Ergebnisse machten die Forscher sprachlos. Während man die Anzahl der Gene des Humangenoms auf etwa 100 000 geschätzt hatte, enthüllte die Sequenzierung, dass ihre Zahl in Wirklichkeit bei kaum 20400 liegt. Die Erkenntnis, dass nur ein Prozent der DNA Proteine codiert, zieht die Frage nach sich, welche Funktionen dem Rest der DNA zukommen, der nicht codierenden DNA, die man bislang zu Unrecht »Müll-DNA« genannt hat.

Ein sich der Sequenzierung anschließendes Projekt wurde noch im Jahr 2003 gestartet: das Projekt ENCODE (*Encyclopedia for DNA Elements*), das darauf zielt, die Rolle der nicht codierenden DNA zu erforschen. Bereits die ersten Ergebnisse haben ziemlich schnell gezeigt, dass offenbar ein großer Teil der DNA nützlich ist. Es ist allerdings nicht klar definiert, wann im Zusammenhang mit dem Genom von »nützlich« gesprochen werden kann, weshalb der Begriff umstritten ist. Denn wenn eine scheinbar unbeteiligte DNA-Sequenz von einem oder mehreren Proteinen erkannt wird – belegt das bereits, dass sie »nützlich« ist?

Das ENCODE-Projekt unterstreicht die Bedeutung der nicht codierenden RNAs, die lange Zeit unterschätzt wurde *(siehe Seite 94 f.)*.

Warum die Genetik nicht alles erklärt

Die vollständige Sequenzierung des menschlichen Genoms und die unerwartete und verwirrende Erkenntnis, dass es viel weniger Gene gibt als ursprünglich angenommen, hat zu dem Schluss geführt, dass die

Komplexität des Menschen anderswo verankert ist als in der Anzahl seiner Gene. Und zwar höchstwahrscheinlich in der Art und Weise, in der die Gene gelesen und genutzt werden, in dem, was sie produzieren, und darin, wie sie interagieren.

Vor diesem Hintergrund begann sich die Bedeutung der Epigenetik zu zeigen, und ihre Tragweite wurde zunehmend klar. Nur wenige Monate nach der Bekanntgabe der vollständigen Sequenzierung des menschlichen Genoms war das Thema »Epigenetik« der Aufmacher von *Science*, einer der prestigereichsten naturwissenschaftlichen Zeitschriften. Ganz so, als seien die Geister nun reif, um sich mit dem Gedanken zu beschäftigen, dass die Gene nicht alles sind und die Genom-Sequenzierung kein Ziel an sich darstellt. Die Fortschritte der Genetik waren sicher eine unabdingbare Etappe, um unser Wissen über das Lebendige voranzubringen, doch lässt sich die Komplexität der Biologie nicht allein durch diese »Gebrauchsanweisung« erfassen. Auf zahlreiche wesentliche Fragen kann die Genetik keine Antworten geben. Der Epigenetik öffnet sich damit ein weites Feld, auf dem nicht nur bereits große Fortschritte erzielt, sondern auch die Grundlagen praktischer Anwendungen in Form neuer Therapieansätze geschaffen wurden.

WAHR oder FALSCH?
Ein Wissensquiz zu Genetik und Epigenetik

Wie haben die Forschungen zur Epigenetik unser Bild der Vererbung verändert? Und wie können wir das Wissen über Epigenetik positiv nutzen? Hier können Sie rekapitulieren, was Sie in den vorangegangenen Kapiteln dieses Buches über Epigenetik und Genetik erfahren haben.

Was denken Sie, sind die folgenden Behauptungen wahr oder falsch?

Eineiige Zwillinge haben dieselben Gene und werden deshalb während ihres gesamten Lebens in jeder Hinsicht identisch sein.

FALSCH. Eineiige Zwillinge sind tatsächlich genetisch identisch und gleichen sich physiologisch, aber nur ganz zu Beginn ihres Lebens, während der ersten Teilungen der befruchteten Eizelle. Schon vor ihrer Geburt und dann im Laufe ihres Lebens werden sie bemerkenswerte Unterschiede herausbilden, sowohl in körperlicher als auch in psychologischer Hinsicht. Diese Unterschiede hängen von einem Bündel verschiedener Faktoren ab, wie etwa den Bedingungen im Mutterleib, den Lebensbedingungen nach der Geburt, der Ernährung, dem Stress. Alle diese Faktoren werden die Gene beeinflussen, indem sie darüber entscheiden, ob sie exprimiert werden – also zum Ausdruck kommen – oder nicht. Dass diese Faktoren auf die Genaktivität einwirken können, liegt daran, dass sie zu Veränderungen des Epigenoms führen.

Nur 70 Prozent des menschlichen Genoms wurden entziffert.

FALSCH. Das gesamte menschliche Genom ist in den Jahren 1990 bis 2000 sequenziert worden. Die vollständige Fertigstellung dieser titanenhaften Arbeit wurde am 14. April 2003 vom US-amerikanischen *National Human Genome Research Institute (NHGRI)* verkündet.

Im 19. Jahrhundert glaubten manche Wissenschaftler, der Charakter eines Menschen stamme zur Hälfte von seinen beiden Eltern, zu einem Viertel von seinen vier Großeltern, zu einem Achtel von seinen acht Urgroßeltern usw.

WAHR. Hierbei handelt es sich um die Theorie der »Blutmischung« zur Erklärung der Vererbung, die im 19. Jahrhundert verbreitet war. Die Quantifizierung der jeweiligen Anteile ging auf Francis Galton

(1822–1911), einen Cousin Charles Darwins, zurück. Von dieser Theorie wandte man sich ab, als die zuvor bereits von Gregor Mendel (1822–1884) entdeckten Vererbungsregeln zu Beginn des 20. Jahrhunderts erneut erkannt und kurz darauf die Chromosomen als Erbträger ausgemacht wurden.

Charles Darwin ist der Entdecker der Gene.
FALSCH. Es war der dänische Genetiker Wilhelm Johannsen (1857–1927), welcher Anfang des 20. Jahrhunderts den von einer Generation auf die nächste übertragenen »Faktoren« den Namen »Gene« gab. Diese neue Bezeichnung stand im Gegensatz zu dem Begriff »Pangene«, den Darwin eingeführt hatte, um seiner Vorstellung Ausdruck zu verleihen, dass der gesamte Organismus an der Vererbung beteiligt sei.

99 Prozent unserer DNA sind codierend, was bedeutet, dass sie eine Rolle bei der Produktion der Proteine spielt, welche die Bausteine des Lebens sind.
FALSCH. Lediglich 1 Prozent der Sequenzen des Genoms wird in Proteine übersetzt. Die übrigen 99 Prozent sind nicht codierend. Dieser Teil der DNA wird – zu Unrecht – auch als »Müll-DNA« bezeichnet.

Heutzutage ist es möglich, das Genom lebender Organismen zu manipulieren, es zu zerschneiden und bestimmte Gene hinzuzufügen oder zu korrigieren.
WAHR. Solche Methoden existieren dank des technologischen Fortschritts heutzutage in der Tat. Sie

werden in der Forschung angewandt und könnten in Zukunft auf dem Gebiet der Gentherapie zum Einsatz kommen, um schädliche Gene in einzelnen Zellen zu korrigieren.

🧬 *Das menschliche Genom umfasst 100 000 Gene.*
FALSCH. Tatsächlich sind es nur gut ein Fünftel so viele, etwa 20 400. Diese Zahl liegt weit unter den einschlägigen Schätzungen, die vor der Sequenzierung des menschlichen Genoms angestellt wurden und sich auf 100 000 Gene beliefen. Diese Erkenntnis führte zu dem Schluss, dass die Komplexität des Menschen in etwas anderem begründet sein muss als in der Anzahl seiner Gene.

🧬 *Eine Hautzelle enthält nicht dieselbe DNA wie eine Hirnzelle.*
FALSCH. Sämtliche Zellen, wo auch immer ihr Platz im menschlichen Körper ist, tragen denselben genetischen Code. Dies führt zu der Frage: Wie gelingt es den Zellen dann, sich zu differenzieren?

Die Antwort: Die Zellen sind nicht allein durch ihre DNA codiert; wozu sie sich entwickeln, ist auch davon abhängig, wie die DNA gelesen und exprimiert wird.

🧬 *Die physischen Unterschiede der Arbeiterinnen und der Königin in einem Bienenstock ergeben sich aus ihrer unterschiedlichen DNA.*
FALSCH. Alle Bienen haben grundsätzlich das gleiche Genom. Wenn sich die Königin im Laufe ihrer Ent-

wicklung zunehmend von den anderen Bienen unterscheidet (sie ist größer und die einzige fruchtbare), so liegt dies an ihrer Ernährungsweise. Sie ist nämlich die einzige Biene des Stocks, die während ihres gesamten Lebens mit Gelée royale gefüttert wird. Diese Entdeckung macht deutlich, dass bestimmte äußere Faktoren wie die Ernährung eine Auswirkung auf die Genaktivität und damit auf die physischen Merkmale des Individuums haben.

Die Ernährung Ihrer Großeltern kann einen Einfluss auf Ihren Gesundheitszustand haben.

WAHR. Zahlreiche Studien haben gezeigt, dass die Ernährung der Vorfahren (der Eltern und selbst der Großeltern) positive Auswirkungen oder umgekehrt schädlichen Einfluss auf den Gesundheitszustand der Nachkommen haben kann, insbesondere in Hinblick darauf, im Erwachsenenalter an Fettleibigkeit, Diabetes oder Herz-Kreislauf-Erkrankungen zu leiden.

Bestimmten Pestiziden ausgesetzt zu sein kann zu einer geringeren Fruchtbarkeit der Kinder und selbst noch der Enkel führen.

WAHR. Studien haben gezeigt, dass bei Ratten, die, während sie trächtig waren, endokrinen Disruptoren (hormonaktiven Substanzen, wie sie in Pestiziden vorkommen) ausgesetzt waren, die männlichen Nachkommen eine herabgesetzte Fruchtbarkeit aufweisen. Diese können die Anomalie wiederum auf ihre Jungen übertragen. 90 Prozent der männlichen Ratten sind von diesen Anomalien betroffen – bis in die vierte Generation.

Die Nachfahren von Holocaust-Überlebenden können stressempfindlicher sein.

WAHR. Studien belegen eine Form von intergenerationeller Übertragung von Traumata durch Völkermord oder Krieg.

Körperliche Aktivität, Meditation und sogar Musikhören können direkte Auswirkungen auf die Art und Weise haben, wie Ihre Gene exprimiert werden.

WAHR. Wie Studien gezeigt haben, hat regelmäßiges körperliches Training Auswirkungen auf jene Gene, die am Muskelaufbau beteiligt sind, an der Energiezufuhr der Zellen, an den Entzündungsmechanismen und auch an den Immunreaktionen (sogar einschließlich jenen des Nervensystems). Diese Veränderungen wirken sich sozusagen augenblicklich aus, sind aber auch – in den meisten Fällen – vorübergehender Natur (sie halten nur einige Stunden vor). Gleichermaßen haben Meditation und Musik positive Effekte auf die Expression oder Unterdrückung zahlreicher Gene, insbesondere jener, die eine entzündungsfördernde Wirkung haben.

Glossar

Acetylierung: Einem Molekül wird eine Acetylgruppe hinzugefügt. Dieser Vorgang ist eine Form der Histonmodifikation, die zu den Haupttypen der epigenetischen Mechanismen gehört.

Allel: variable Versionen eines Gens. Zwar handelt es sich bei einem Gen um eine spezifische Sequenz, sie kann aber in verschiedenen Versionen oder Allelen vorkommen. In diploiden Zellen ist jedes Gen in zwei Allelen vorhanden. Sind diese identisch und die Sequenzen stimmen genau miteinander überein, bezeichnet man das Individuum als homozygot (reinerbig) in Bezug auf dieses Gen; unterscheiden sie sich, indem zum Beispiel bei einem oder mehreren Nukleotiden eine Variation vorliegt, ist es heterozygot (mischerbig) in Bezug auf das Gen. Die Allelvariation ist für den genetischen Polymorphismus verantwortlich, das Auftreten genetischer Varianten innerhalb einer Population.

Chromatin: Molekül, das sich aus der DNA in Verbindung mit den Histonen zusammensetzt und die Chromosomen bildet. Das Chromatin kann auch RNA enthalten.

Chromosom: fadenförmiges Gebilde im Zellkern, das das Genom trägt. Der Mensch besitzt 46 Chromosomen, 22 homologe Chromosomenpaare und 2 Geschlechtschromosomen, XX bei den Frauen oder XY bei den Männern. Jedes Chromosom hat die Form eines X mit einem »Centromer« genannten Zentrum und als »Chromatiden« bezeichneten Armen, deren äußere Enden »Telomere« heißen. Die Telomere enthalten keine Gene, sondern repetitive Sequenzen, die mit dem Altern kürzer werden (die sich aber regenerieren können).

Codon: Sequenz von drei Nukleotiden auf einer Boten-RNA. Jedes Basentriplett enthält den Code einer Aminosäure. TGG steht zum Beispiel für Tryptophan.

CpG: Abkürzung für Cytosin-Phosphorsäure-Guanin. Segment der DNA aus zwei Nukleotiden, deren Basensequenz CG ist. Die CpG-Dinukleotid-Sequenzen unterliegen am häufigsten der Methylierung.

diploid: Bezeichnet eine Zelle, die (beim Menschen) 23 Chromosomenpaare aufweist, wobei eine Kopie von der Mutter und eine Kopie vom Vater stammt.

DNA: Die Desoxyribonukleinsäure oder DNA (nach englisch *deoxyribonucleic acid*) ist ein langes Makromolekül (beim Menschen ist es länger als zwei Meter), das sich aus zwei komplementären Strängen zusammensetzt, die die Form einer Doppelhelix bilden. Diese Stränge sind die Träger des Gencodes. Die DNA ist mit Proteinen namens Histone verbunden, zusammmen bilden sie das Chromatin, aus dem sich wiederum die Chromosomen zusammensetzen, die sich im Kern jeder Zelle des Körpers befinden.

DNA-Methylierung: Hinzufügen einer Methylgruppe auf den Cytosinen der DNA. Ein stark methyliertes Gen ist in der Regel inaktiv oder stumm, es kann nicht exprimiert werden.

Die DNA-Methylierung, ein Mechanismus mit vielen Methoden

Verschiedene DNA-Methyltransferasen (auch Methylasen genannt) wirken als Katalysator der DNA-Methylierung. Einige, wie die Methyltransferasen DNMT3 A, B und L, sind imstande, eine DNA zu methylieren, die überhaupt nicht methyliert ist (zum Beispiel die DNA, die in den Embryonalzellen neu synthetisiert wurde, dies sind Methylasen *de novo*). Eine andere wie DNMT1 ist eine aufrechterhaltende Methylase, sie kann eine DNA methylieren, die zwar bereits methyliert ist, jedoch lediglich auf einem ihrer zwei Stränge. Sie ermöglicht den Übergang von einem halbseitig methylierten in einen ganz methylierten Zustand, indem sie die Methylierung des bereits methylierten Strangs auf den nicht methylierten überträgt. Das erlaubt insbesondere die Übertragung des Methylierungsprofils einer Mutterzelle, wenn ihre DNA vor der Teilung in zwei Tochterzellen repliziert wird. Es handelt sich also um ein sehr wirkungsvolles System, um ein Methylierungsprofil weiterzugeben, da es genügt, dass eine Kopie eines Gens methyliert ist, damit die andere dies wird.

DNA-Methyltransferase: Enzym, das für die DNA-Methylierung verantwortlich ist. Bei dieser wird auf den Cytosinen der CpG-Diploide der DNA eine Methylgruppe hinzugefügt. Eine starke Methylierung eines Gens macht dieses in der Regel für die Transkription unleserlich: Es kann nicht exprimiert werden.

eineiige Zwillinge: auch monozygotische Zwillinge. Zwillinge, die exakt das gleiche Genom haben, weil sie aus der Teilung einer einzigen befruchteten Eizelle hervorgegangen sind. Zweieiige Zwillinge sind dementsprechend aus zwei befruchteten Eizellen hervorgegangen.

Euchromatin: offenes Chromatin in lockerem oder dekondensiertem Zustand.

Exposom: Gesamtheit der Faktoren, denen ein Individuum während seines ganzen Lebens ausgesetzt ist, einschließlich seines Lebens *in utero*.

Gen: ein Teilstück der DNA, das für ein Protein codiert.

Gencode: Gesamtheit der Informationen, die in der Sequenz der Gene enthalten sind und für die Eigenschaften einer Spezies codieren.

Genexpression: die Transkription eines Gens in Boten-RNA oder die Translation des Codes, den diese trägt, in Protein. Man spricht von Genexpression, um den einen oder den anderen dieser Prozesse zu bezeichnen oder aber alle beide.

Genom: die Gesamtheit des Genmaterials, die DNA-Sequenz eines Organismus.

genomische Prägung: Prozess der Markierung bestimmter Gene, bei denen sich die mütterliche und die väterliche Kopie unterschiedlich exprimieren. Während bei den meisten Genen beide Kopien zugleich aktiv oder inaktiv sind, werden Gene, die der genomischen Prägung unterliegen, entweder allein auf Grundlage der mütterlichen oder allein auf Grundlage der väterlichen Kopie exprimiert.

Genotyp: Erbbild eines Lebewesens, Gesamtheit der Gene eines Individuums. Demgegenüber bezeichnet Phänotyp das Erscheinungsbild eines Individuums.

haploid: bezeichnet eine Zelle, die (beim Menschen) nur jeweils eine Kopie der 23 Chromosomen enthält, wie z. B. die Keimzellen.

Heterochromatin: geschlossenes Chromatin in kondensiertem Zustand.

Histone: Proteine, um die die DNA gewickelt ist und zusammen mit dieser das Nukleosom bilden, das wiederum Teil des Chromatins ist.

Die Histonmodifikationen

Auch die Histone können modifiziert werden. Es gibt verschiedene Prozesse posttranslationaler Modifikationen: Bis heute zählt man über siebzig. Zu den geläufigsten gehören die Methylierung, die Acetylierung, die Phosphorylierung, die Ubiquitinierung. Einige Modifikationen sind mit einer Transkriptionsaktivität verbunden und ermöglichen also das Umschreiben der DNA in RNA, andere mit einer Transkriptionsunterdrückung, die dieser verhindert. Im Falle der Methylierung auf bestimmten Resten zum Beispiel schließen sich die Histone und verhindern so die Genexpression. Übrigens besteht eine Interdependenz zwischen den Histonmodifikationen, aber auch zwischen der DNA-Methylierung und jener der Histone: Aus diesem Grund spricht man von der Existenz eines Histoncodes. Jeder Modifikationstypus steht für eine Information, welche die Proteine erkennen und dann eine spezifische Wirkung auf das Chromatin entfalten können. Diese Modifikationen ereignen sich aber nicht alle zur gleichen Zeit: Der Histoncode ist dynamisch, er variiert in seiner Funktion je nach dem Zustand der Zelle und dem Alter.

Karyotyp: Der Karyotyp bezeichnet in der Zelllehre die Gesamtheit der Chromosomeneigenschaften eines Individuums oder einer Gruppe/Spezies, so wie sie sich unter dem Mikroskop erkennen lassen. Dazu gehören ihre Anzahl, Form und Beschaffenheit. Beim Menschen liegen im Zellkern der (diploiden) Körperzellen 46 Chromosomen unterschiedlicher Größe jeweils in Paaren vor.

Keimzellen: auch als Gameten oder Geschlechtszellen bezeichnet. Die Ei- beziehungsweise die Samenzellen, aus denen durch die Befruchtung ein neues Lebewesen entsteht.

Körperzellen: auch somatische Zellen. Alle Zellen außer den Keimzellen, aus denen sich bei Mehrzellern der Organismus zusammensetzt. Die Körperzellen untergliedern sich in Muskel-, Blut-, Hirn-, Leber-, Magen-, Bauchspeicheldrüsen-, Lungenzellen usw.

Meiose: Vorgang der Zellteilung bei Keimzellen, durch den Ei- oder Spermazellen gebildet werden.

Mitose: Vorgang der Zellteilung bei Körperzellen (somatischen Zellen), das heißt aller Zellen des Organismus außer den Keimzellen.

MSUS: *Unpredictable maternal separation combined with unpredictable maternal stress* (unvorhersehbare Trennung von der Mutter in Verbindung mit unvorhersehbarem Stress der Mutter). Ein Muster zur Manipulation von Labormäusen, um eine frühkindliche Traumatisierung zu reproduzieren.

Nukleosom: Struktur, die sich aus einem DNA-Segment von 146 Nukleotiden zusammensetzt, die um Histone gewickelt sind. Die Nukleosome sind die erste Verpackungsstufe der DNA (die sich wie die Perlen einer Kette aneinanderreihen).

Nukleotid: Base, aus der sich die DNA zusammensetzt. Es gibt vier davon: A (Adenin), C (Cytosin), G (Guanin) und T (Thymin). Die Reihenfolge der Nukleotide in der DNA-Sequenz bestimmt die Reihenfolge der Aminosäuren, die die Proteine bilden.

Phänotyp: das Erscheinungsbild eines Lebewesens, Gesamtheit der spezifischen Eigenschaften eines Individuums. Demgegenüber bezeichnet Genotyp das Erbbild eines Individuums.

Phosphorylierung: Hinzufügen einer Phosphatgruppe auf einem Molekül. Dieser Mechanismus ist Teil der Histonmodifikationen, die zu den Haupttypen der epigenetischen Mechanismen gehören.

Protein: Hauptbestandteil jeder Zelle. Die Proteine sind die »Bausteine« des Lebens.

Pyrosequenzierung: technisches Verfahren, das erlaubt, den Methylierungsgrad der CpG-Dinukleotide in einer DNA-Sequenz eines Gewebes oder sogar einer individuellen Zelle zu messen.

Ribosomen: Komplexe, die sich aus Proteinen und Boten-RNA zusammensetzen. Ihre Funktion ist es, die in der Boten-RNA enthaltene Information zu decodieren, um Proteine zu bilden.

RNA: ein Molekül, das der DNA ähnelt und von dieser ausgehend durch Transkription gebildet wird. Die RNA der codierenden Gene wird in Boten-RNA (auch mRNA nach englisch *messenger RNA)* transkribiert, die anschließend in Proteine translatiert wird. Die Boten-RNA stellt also die Verbindung zwischen dem Gencode und den Proteinen dar.

Die nicht codierende RNA entsteht durch die Transkription der nicht codierenden Teile der DNA. Anders als die Boten-RNA wird sie nicht in Proteine translatiert. Es gibt eine Vielzahl nicht codierender RNAs unterschiedlicher Größe, sehr kleine (18–20 Nukleotide) bis sehr große (mehrere Tausend Nukleotide). Sie haben eine Funktion bei der Steuerung der Aktivität des Genoms und der Genexpression.

Ubiquitinierung: Fixierung eines oder mehrerer Ubiquitinproteine auf einem oder mehreren Lysinen anderer Proteine. Dieser Mechanismus ist Teil der Histonmodifikationen, die zu den Haupttypen der epigenetischen Mechanismen gehören.

Anmerkungen

1   A. Bomboy/E. Heard, »Épigénétique, comment se joue la partition du génome«, *Science et Santé*, 11./12.2012.

2   F. Rosier, »L'épigénétique, l'hérédité au-delà de l'ADN«, *Le Monde Sciences et Techno*, 13. April 2012.

3   J.-B. de Lamarck, *Histoire naturelle des animaux sans vertèbres* (1815), Cambridge University Press, 2013.

4   C. H. Waddington, »Canalization of Development and the Inheritance of Acquired Characters«, *Nature*, Nr. 150, 14. November 1942, S. 563–565.

5   B. R. Herb et al., »Reversible Switching Between Epigenetic States in Honeybee Behavioral Subcastes«, *Nature Neuroscience*, 2012.

6   Max-Planck-Institut für Immunbiologie und Epigenetik, https://mpief2.iwww.mpg.de/. Zit. nach http://epigenome.eu/de/1,1,0.

7   C. Tiffon, »The Impact of Nutrition and Environmental Epigenetics on Human Health and Disease«, *International Journal of Molecular Sciences,* Bd. 19, Nr. 11, 1. November 2018.

8   A. Forsdahl, »Are Poor Living Conditions in Childhood and Adolescence an Important Risk Factor for Arteriosclerotic Heart Disease?«, *British Journal of Preventive and Social Medicine*, Bd. 2, Nr. 2, Mai 1977.

9 C. N. Martyn, D. J. Barker u. C. Osmond, »Mothers' Pelvic Size, Fetal Growth, and Death from Stroke and Coronary Heart Disease in Men in the UK«, *Lancet*, Bd. 348, Nr. 9037, November 1996.

10 L. H. Lumey et al., »Prenatal Famine and Adult Health«, *Annual Review of Public Health*, 2011. M. V. E. Veenendaal et al., »Transgenerational Effects of Prenatal Exposure to the 1944–1945 Dutch Famine«, *BJOG*, 2013. R. C. Painter, »Transgenerational Effects of Prenatal Exposure to the Dutch Famine on Neonatal Adiposity and Health in Later Life«, *BJOG*, Bd. 115, Nr. 10, September 2008, S. 1243–1249. L. C. Schulz, »The Dutch Hunger Winter and the Developmental Origins of Health and Disease«, *Proceedings of the National Academy of Sciences of the USA*, 2010.

11 M. Pembrey, R. Saffery u. L. O. Bygren, »Network in Epigenetic Epidemiology: Human Transgenerational Responses to Early-Life Experience: Potential Impact on Development, Health and Biomedical Research«, *Journal of Medical Genetics*, Bd. 51, Nr. 9, 2014.

12 J. Golding, M. Pembrey u. R. Jones, ALSPAC Study Team, »ALSPAC – The Avon Longitudinal Study of Parents and Children«, *Paediatric and Perinatal Epidemiology*, Bd. 15, Nr. 1, 2001, S. 74–87.

13 M. Pembrey, J. Clayton-Smith, T. Webb u. S. Malcolm, »The Irregular Inheritance of Angelman Syndrome and Prader-Willi Syndrome«, in: S. B. Cassidy (Hrsg.), *Prader-Willi Syndrome*, NATO ASI Series, Bd. 61, Springer, Berlin, Heidelberg, 1992.

14 R. A. Waterland/R. L. Jirtle, »Transposable Elements: Targets for Early Nutritional Effects on Epigenetic Gene Regulation«, *Molecular and Cellular Biology*, Bd. 23, Nr. 15, August 2003, S. 5293–5300.

15 M. Susiarjo et al., »Bisphenol A Exposure in Utero Dis-

rupts Early Oogenesis in the Mouse«, *PLoS Genetics*, 12. Januar 2007.

16 Im Jahr 2016 enthüllte eine Erhebung der Association Santé Environnement France (Verein Umweltgesundheit Frankreich) in Kooperation mit dem Verbrauchermagazin *On n'est plus des pigeons !* des Fernsehkanals France 4 jedoch, dass bestimmte Getränkedosen und Konservenbüchsen es auch in Frankreich noch enthalten. Im Übrigen wird es häufig durch Bisphenol B oder Bisphenol S ersetzt, die ebenfalls giftig sind.

17 M. D. Anway, A. Cupp, M. Uzumcu u. M. Skinner, »Epigenetic Transgenerational Actions of Endocrine Disruptors and Male Fertility«, *Science*, Bd. 308, Nr. 5727, 2005, S. 1466–1469.

18 E. H. Coe, »A Regular and Continuing Conversion-Type Phenomenon at the B Locus in Maize«, *Proceedings of the National Academy of Sciences of the USA*, Bd. 45, Nr. 6, Juni 1959, S. 828–832.

19 Quelle: J. Bohacek/I. M. Mansuy, »Molecular Insights into Transgenerational Non-Genetic Inheritance of Acquired Behaviours«, *Nature Reviews Genetics*, Nr. 16, 2015, S. 641–652.

20 K. Gapp, J. Bohacek, J. Grossmann, A. M. Brunner, F. Manuella, P. Nanni, I. M. Mansuy, »Potential of Environmental Enrichment to Prevent Transgenerational Effects of Paternal Trauma«, *Neuropsychopharmacology*, 41, 2016, S. 2749–58.

21 C. Junien, »L'épigénétique: les gènes et l'environnement, pour le pire ou le meilleur«, in: J.-F. Toussaint, B. Swynghedauw u. G. Boeuf, *L'homme peut-il s'adapter à lui-même ?*, Éditions Quæ, 2012, S. 48–56.

22 Quelle der Nährstoffzusammensetzung: Table Ciqual (ANSES); USDA ARS database.

23 W. Vanden Berghe, »Epigenetic Impact of Dietary Poly-

phenols in Cancer Chemoprevention: Lifelong Remodeling of Our Epigenomes«, *Pharmacological Research*, Bd. 65, Nr. 6, 2012, S. 565–576.

24 M. C. Myzak et al., »Sulforaphane Retards the Growth of Human PC-3 Xenografts and Inhibits HDAC Activity in Human Subjects«, *Experimental Biology and Medicine*, Bd. 232, Nr. 2, Februar 2007, S. 227–234.

25 A. J. Papoutsis et al., »Resveratrol Prevents Epigenetic Silencing of BRCA-1 by the Aromatic Hydrocarbon Receptor in Human Breast Cancer Cells«, *The Journal of Nutrition*, Bd. 140, Nr. 9, September 2010, S. 1607–1614.

26 K. B. Kuchenbaecker et al., »Risks of Breast, Ovarian and Contralateral Breast Cancer for BRCA1 and BRCA2 Mutation Carriers«, *JAMA*, Bd. 317, Nr. 23, 2017, S. 2402–2416.

27 Zum Beispiel: W. Qin et al., »Soy Isoflavones Have an Antiestrogenic Effect and Alter Mammary Promoter Hypermethylation in Healthy Premenopausal Women«, *Nutrition and Cancer*, Bd. 61, Nr. 2, 2009, S. 238–244.

28 T. Morimoto et al., »The Dietary Compound Curcumin Inhibits p300 Histone Acetyltransferase Activity and Prevents Heart Failure in Rats«, *Journal of Clinical Investigation*, Bd. 118, Nr. 3, 2008, S. 868–878.

29 W. E. Ek et al., »Tea and Coffee Consumption in Relation to DNA Methylation in Four European Cohorts«, *Human Molecular Genetics*, Bd. 26, Nr. 16, August 2017, S. 3221–3231.

30 Weitere Literaturangaben siehe Q. A. Abdul et al., »Epigenetic Modifications of Gene Expression by Lifestyle and Environment«, *Archives of Pharmacal Research*, Bd. 40, Nr. 11, November 2017, S. 1219–1237.

31 V. Konstantinidou et al., »In Vivo Nutrigenomic Effects of Virgin Olive Oil Polyphenols Within the Frame of the

Mediterranean Diet: a Randomized Controlled Trial«, *FASEB Journal*, Bd. 24, Nr. 7, Juli 2010, S. 2546–2557.

32 C. M. McCay, M. F. Crowell u. L. A. Maynard, »The Effect of Retarded Growth Upon the Length of Life Span and Upon the Ultimate Body Size: One Figure«, *The Journal of Nutrition*, Bd. 10, Nr. 1, Juli 1935, S. 63–79.

33 S. Maegawa et al., »Caloric Restriction Delays Age-Related Methylation Drift«, *Nature Communications*, Bd. 8, Nr. 1, 2017.

34 O. Meynet et al., »Caloric Restriction and Cancer: Molecular Mechanisms and Clinical Implications«, *Trends in Molecular Medicine*, Bd. 20, Nr. 8, August 2014, S. 419–427.

35 www.inserm.fr/actualites-et-evenements/actualites/restriction-calorique-alliee-chimiotherapie-en-cas-cancer

36 C. J. Sundberg et al., »An Integrative Analysis Reveals Coordinated Reprogramming of the Epigenome and the Transcriptome in Human Skeletal Muscle After Training«, *Epigenetics*, Bd. 9, Nr. 12, Dezember 2014, S. 1557–1569.

37 T. Rönn et al., »A Six Months Exercise Intervention Influences the Genome-Wide DNA Methylation Pattern in Human Adipose Tissue«, *PLOS Genetics*, 27. Juni 2013.

38 M. K. Austin et al., »Early-life socioeconomic disadvantage, not current, predicts accelerated epigenetic aging of monocytes«, *Psychoneuroendocrinology*, Bd. 97, November 2018, S. 131–134.

39 P. Kaliman et al., »Rapid Changes in Histone Deacetylases and Inflammatory Gene Expression in Expert Meditators«, *Psychoneuroendocrinology*, Bd. 40, 2014, S. 96–107.

40 Eine klinische Studie, bei der durch Zufall (englisch *random*) entschieden wird, welche Probanden die zu prüfende Behandlung oder ein Placebo erhalten.

41 B. Sebastian u. J. Nelms, »The Effectiveness of Emotional Freedom Techniques in the Treatment of Posttrauma-
tic Stress Disorder: A Meta-Analysis«, *Explore: The Journal of Science and Healing*, Bd. 13, Nr. 1, Oktober 2016,
S. 16–25.

42 D. Church et al., »Epigenetic Effects of PTSD Remedia-
tion in Veterans Using Clinical Emotional Freedom Techniques: A Randomized Controlled Pilot Study«, *Ameri-
can Journal of Health Promotion*, Bd. 32, Nr. 1, Januar
2018, S. 112–122.

43 L. Bodin, »Épigénétique: nous pouvons changer nos
gènes«, *Nexus*, Nr. 64, September/Oktober 2009.

44 N. Padmanabhan et al., »Mutation in Folate Metabo-
lism Causes Epigenetic Instability and Transgenerational
Effects on Development«, *Cell*, Bd. 155, Nr. 1, September
2013, S. 81–93.

45 Als Herlinge werden die (sauren) Trauben der späten
Nachblüte der Weinreben bezeichnet.

Verzeichnis der Einschübe

Abbildungsverzeichnis

Dank

Die Autoren bedanken sich bei der Universität Zürich, der Eidgenössischen Technischen Hochschule Zürich und dem Schweizerischen Nationalfonds zur Förderung der wissenschaftlichen Forschung für ihre Unterstützung des Labors von Isabelle M. Mansuy.

Über die Autoren

Prof. Dr. Isabelle M. Mansuy ist Professorin für Neuro-epigenetik an der Medizinischen Fakultät der Universität Zürich und an der Eidgenössischen Technischen Hochschule (ETH) in Zürich. Sie wurde 1994 in Entwicklungsneurobiologie an der Universität Louis Pasteur in Straßburg mit einer am *Friedrich Miescher Institute for Biomedical Research* in Basel entstandenen Dissertation promoviert. Als Postdoc war sie danach an der *Columbia University* in New York tätig, bevor sie im Dezember 1998 an die ETH ging. Seit 2013 ist sie ordentliche Professorin an der Universität Zürich und an der ETH.

Ihre Forschungen beschäftigen sich mit der epigenetischen Basis komplexer Hirnfunktionen und den Mechanismen der Vererbung erworbener Eigenschaften über die Generationen hinweg. Ihre Forschungsarbeit nutzt Versuche mit Tieren als Modellorganismen und studiert auf molekularer Ebene die Art und Weise, wie sich Lebenserfahrungen, zum Beispiel traumatische Ereignisse in der Kindheit, auf die körperliche und geistige Gesundheit auswirken, bei den direkt Betroffenen und bei ihren Nachkommen. Der Ansatz dieses neuartigen Forschungsgebiets ist bahnbrechend, und das Forschungsinstitut von Isabelle Mansuy leistet hier Pionierarbeit. Isabelle Mansuy ist Mitglied der Schweizerischen Akademie der Medizinischen Wissenschaften, der Europäischen Akademie der Wissenschaften und Künste, des Forschungsrats des Schweizerischen Nationalfonds und der *European Molecular Biology Organization* (EMBO). Sie ist außerdem Ritterin des Ordre national du Mérite und der Ehrenlegion Frankreichs.

mansuy@hifo.uzh.ch

Jean-Michel Gurret vereint eine traditionelle Ausbildung in Psychopathologie und Kognitiver Verhaltenstherapie mit einer Expertise unkonventioneller Methoden aus dem Bereich der energetischen Psychologie. Dieses neue Gebiet der Psychotherapie zieht in der internationalen Forschung wachsende Aufmerksamkeit auf sich, vor allem hinsichtlich der Erforschung des Einflusses, den diese Therapieform auf das Epigenom hat. Er ist wissenschaftlicher Mitarbeiter bei Dawson Church und übersetzte dessen Buch *The Genie in Your Genes* ins Französische. Neben Fachaufsätzen publizierte er etwa knapp ein Dutzend Bücher, die sich an ein breites Publikum wenden. Er ist Gründer des *Institut français de psychothérapie émotionnelle et cognitive* (Französisches Institut für emotionale und kognitive Psychotherapie) und unterrichtet verschiedene Therapiemethoden sowohl an seiner Hochschule als auch an der Universität sowie klinischen und psychiatrischen Einrichtungen.

jmg@bebooda.fr

Alix Lefief-Delcourt ist ausgebildete Journalistin, spezialisiert auf das Gebiet der Gesundheit und des Wohlbefindens. Sie ist Autorin von etwa hundert Büchern, die sie als alleinige Autorin oder in Zusammenarbeit mit Gesundheitsexperten oder Wissenschaftlern verfasst hat.

Register

F

Fettleibigkeit 53, 57 f., 61 f., 122, 166, 181, 198, 205

Folsäure 63, 65, 142, 144, 147, 176 f.

Forsdahl, Anders 51

fötale Programmierung 52

Fötus 48, 51 f., 56–58, 64, 66, 68, 107, 109, 147

Franklin, Rosalind 195

Fruchtbarkeitsrückgang 41, 67, 205

G

Galton, Francis 187, 202

Gameten, *siehe* Keimzellen oo

Gehirn 15, 33, 49, 71, 83 f., 90 f., 94–96, 98, 128–130, 137, 168–170, 172, 177

Gencode 22, 25, 98, 119, 139, 195, 210

Genmanipulation 16, 22, 97–100, 203

Genom 13, 19–22, 25, 28 f., 33, 36 f., 39, 41 f., 47, 60–65, 74, 78, 82, 85–89, 95, 98 f., 102, 104 f., 114, 118, 124, 126, 135 f., 141 f., 152 f., 167, 173, 180, 185, 197–200, 202–205, 211

genomische Prägung 120–122, 176 f., 211

Genomsequenzierung 171, 197 f., 200, *siehe auch* Human Genome Project

Genotyp 32 f., 41, 188, 190, 211

Gentherapie 99, 204

Geschlechtsbestimmung 40, 86

Geschlechtszellen, *siehe* Keimzellen

gesunde Lebensführung 43, 139 f.

Gesundheit 11, 19, 21 f., 49, 51–53, 66, 68, 71, 102, 122, 158, 164

Gewalt 22, 45, 68, 129, 133, 177

Gilbert, Walter 198

Glycin 144 f., 149

Gurdon, John 119

H

I

J

K